做个有出息的女孩

〈 第3版 〉

Third Edition

党博 编著

CFP 中国电影出版社

图书在版编目（CIP）数据

做个有出息的女孩 / 党博编著 .—3 版 . -- 北京：中国电影出版社，2017.5

ISBN 978-7-106-04723-8

Ⅰ . ①做… Ⅱ . ①党… Ⅲ . ①女性－成功心理学－青少年读物 Ⅳ . ① B848.4-49

中国版本图书馆 CIP 数据核字（2017）第 101811 号

责任编辑：纵华跃
封面设计：ABOOK 殷舍
版式设计：范　磊
责任校对：蔡　践
责任印制：庞敬峰

做个有出息的女孩（第3版）
党博　编著

出版发行：中国电影出版社（北京北三环东路 22 号）邮编 100013
电话：64296664（总编室）　64216278（发行部）
E-mail：cfpygb@126.com
经　　销：新华书店
印　　刷：三河市兴国印务有限公司
版　　次：2017 年 7 月第 1 版　2017 年 7 月北京第 1 次印刷
规　　格：开本 / 710 × 1000 毫米　1/16
印张 / 15　　字数 / 200 千字

书　　号：ISBN 978-7-106-04723-8 / B・0116
定　　价：32.80 元

致读者

孩子是一个家庭的未来和希望，望子成龙、望女成凤是很多家长的心愿。八九岁到十四五岁是少年儿童心智成长的重要时期，阅读可以满足他们的求知欲，养成良好习惯，也能从中懂得成长的道理。因此，父母不仅要重视开发孩子的智力，也要重视子女的励志教育。因为一个人的习惯养成、性格特征在小学时期就初见端倪；兴趣爱好、人生理想在初中阶段也有雏形；高中阶段就要开始进行职业规划教育。尤其在当今，科技和网络发展可谓日新月异。有的小孩十几岁就开始尝试创业；有的二十多岁就已成为某一领域的佼佼者；三十多岁的科学家、大学教授或企业家也不鲜见。可见，励志教育宜早不宜迟。

笔者出身关中农家，初中毕业后参军入伍，在甘肃河西走廊和新疆天山脚下服役。四年的部队生活让我的眼界开阔了许多，常年的野战训练和战备值勤使我更能吃苦。正因为这两方面的变化，我在上世纪八十年代退伍后，经过努力考上了大学，人生随之发生了转机。后来，我曾与儿时的伙伴们回忆起青葱岁月，这些学友中许多人天分比我好、理想比我远大，但因那时农家子弟几乎看不到课外书，也没有哪位家长对子女进行励志教育，以至于这些伙伴步入社会后绝大多数人放弃了当初的理想，没有意识也没有胆识抓住此后出现的机遇，始终没有跳出原来的生活轨迹，令人感到遗憾和惋惜。这也让我坚信，对青少年进行励志教育是不可或缺的。

我在参加工作后，曾在大学和行政机关工作多年，后来从事出版行业。近十多年来，我参与过十多种中小学专题教育实验教材的策划和编写工作，开始关注少年儿童的心智成长。几年前应约编写了《做个有出息的女孩》和《做个有出息的男孩》两本青少励志书。这两本书出版后受到许多读者及家长的欢迎，2012 年入选教育部基础教育课程教材发展中心《中小学图书馆（室）推荐书目》，累计销售达 50 多万册，说明青少年和家长对励志教育越来越重视，也让我倍受鼓舞。

自第 1 版面世后，转眼间过去九个年头了，第 3 版除了保留原来的体例，书中重新提炼了各章的内容，取材上更多选取新时代精英的成功故事，兼具优秀青少年的成才事迹。每篇故事都充满了正能量，希望少年儿童能从这些故事中汲取精神营养，激励自己开创美好的人生。

作者谨识于北京
2017 年孟春

目录

第一章 有播种才会有收获，有梦想才会有动力

第二章 信念能够改变人生，自信能够创造奇迹

第三章
只有奋斗而来的美丽，没有凭空等来的辉煌

第四章
习惯是日积月累的结果，让优秀成为自己的习惯

第五章
不怕每天迈出一小步，只怕在原点停滞不前

第六章
即使不能像太阳那样伟大，也可以像月亮一样发光

第七章
知识改变命运，才智是建造人生大厦的基石

第八章
机遇往往偏爱有准备的人，成功常常垂青勤奋的使者

第九章
前行的路上五彩缤纷，专注目标才能成就梦想

第十章
只要自己的内心强大了，外面的一切就变弱小了

第十一章
只有经历一场痛苦的破茧，蝴蝶才能完成华丽的蜕变

第十二章
每一次尝试都是一次历练，每一次挑战都将是一次超越

第一章

有播种才会有收获，有梦想才会有动力

当下，无论是居住在城市还是乡村的女孩，大多是无忧无虑的。她们天真烂漫，对未来充满了五彩斑斓的梦想。有的想成为一名科学家，破解科学领域的难题；有的想当一名教师，给孩子们传授文化知识；也有的想做一名医生，为人们医治疾病；甚至还有的想成为一名宇航员，探索宇宙的奥秘……这些发自内心的愿望，犹如一颗播撒在心田的种子，催促女孩去浇水、施肥，并且期待丰收的果实。梦想无论大小，都是弥足珍贵的，因为有梦想，才会有追求；有梦想，才会有动力。

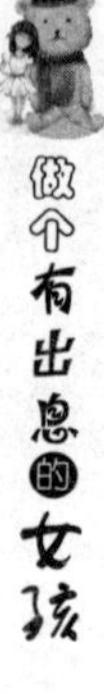

在迷雾中破解科学难题

☆★☆★☆

几乎每个女孩都有自己的梦想。然而，随着时光流逝，她们逐渐长大并步入社会，许多女孩感觉现实与当初的梦想差距较大，于是就放弃了自己的梦想。有的女孩随着年龄的增长和知识的丰富，慢慢地把当初的梦想明确为奋斗的目标，在遭遇挫折后不忘初心，最终成就了梦想。

颜宁上小学的时候，与其他女孩子一样爱玩，但是，老师布置的作业她都会在校园里提前写完，然后回到家里想看看电视，可爸爸妈妈却不让她看，他们担心看电视会影响女儿的视力。于是，在家里听广播，成为颜宁获取课外知识的一个途径。

有一天，颜宁听完广播，坐在床上抬头望着窗外，看着夜空里无数个星星不知疲倦地闪烁，她很想知道，宇宙外面是个什么样子。在学校里老师说宇宙是无穷的，那么，宇宙到底有没有边儿呢？这些高深的问题萦绕在她的脑海里。虽然她还想不出答案，但一直保持着好奇的心理。

上初中的时候，颜宁在生物课上学到了细胞的概念，这又激起了她的好奇心，她想知道细胞是什么样子。她想起了小时候看过的《西游记》，书中描述孙悟空有七十二变。这时她在想，孙悟空能七十二变，可以无限地缩小，如果小到像一个分子大小钻进细胞里，会看到一个什么样的世界呢？颜宁在初中阶段就有了这个想法，她想知道细胞内部的情况，分子世界是怎样一个构造，深入分子世界会有什么发现呢？

只靠好奇是无法实现愿望的，只有掌握知识去探究，才有可能发现科学的奥秘。颜宁明白这个道理，她把小学阶段的好奇和初中阶段的探究奥秘的想法落实在行动上，经过一番努力，高中毕业后如愿考入了清华大学“生物科学与技术系”。

众所周知，清华大学是我国著名的高等学府，在很多家长看来，孩子能考上这所大学是值得夸耀的，毕业后也能找到一份令人羡慕的工作。颜宁从清华毕业后，并没有满足现状去寻找一份安逸舒适的工作。她不忘初心，选择继续深造，以探索生物世界的奥秘。于是她申请到美国普林斯顿大学分子生物学系攻读博士学位，并进行博士后学术研究。

在实验室里，颜宁是用功的，可是在一年半的时间里，什么成果也没有做出来。出师不利并没有使颜宁气馁，她依旧认真地做实验，又经过一年半的坚持，她终于从头到尾做完了一个复杂的生化实验，而且最后也达到了预期的结果。这使她坚信，只要通过不懈地努力就可以达到自己的预期值。从普林斯顿大学博士后毕业后，颜宁受聘于清华大学医学院继续从事生物领域的实验。她带领课题组开始解析葡萄糖转运蛋白的结构，探究这个对人体来说至关重要的生物结构内部是什么样子，并且是如何运转的。

功夫不负有心人。临近 2014 年春节的一个夜晚，清华校园里显得格外静谧，结构生物学中心灯光通亮，颜宁和课题组工作人员在实验室焦急地等待着：两天之前，他们在实验中终于得到一颗优质葡萄糖转运蛋白的晶体，被送去上海同步辐射实验室进行进一步检测。积累很多年，尝试无数次，能否收集到高质量数据，取得实验的最终成功，今晚便是见证检验成果的时刻。

自从1985年葡萄糖转运蛋白基因序列被鉴定出来之后，获取它的三维结构成为膜蛋白研究领域最受瞩目、国际竞争最激烈的课题之一。颜宁的竞争对手遍布美国、欧洲和日本，其中很多科学家已经付出了近20年的努力，仍未见成效。

眼下，颜宁和她的团队终于来到了最后的关口。7点半、8点、9点……成功的数据信息终于从上海实验室传回来。这一次，这个来自中国、平均年龄不到30岁的颜宁团队赢了！

2014年6月5日，世界权威的自然科学期刊之一《自然》正式发表了这项成果。2015年，因为在膜蛋白结构研究领域的重要贡献，颜宁同时获得国际蛋白质学会“青年科学家奖”和“赛克勒国际生物物理奖”。

女孩该懂得的道理

一个人一旦实现了自己的梦想，那时会感到多么幸福！因而，每一个女孩想要成为有出息的人，就应该做一个有梦想的人。只要心中怀揣梦想、明确自己未来的奋斗目标，并坚定不移地走下去，就有办法找到通向目的地的道路。

知识放大点

葡萄糖是维持人类生命活动的最基本能量来源，只有进入细胞内部才能被人体利用。葡萄糖转运蛋白就像是细胞膜上站岗的守城卫兵，在合适的时候为葡萄糖打开“城门”，使之通过“高墙”并且发挥作用。要针对人类疾病开发药物，获得人源转运蛋白至关重要。

成长金点子

追逐梦想离不开坚持

每个人都想去实现自己的梦想，可是，梦想和现实往往存在着较大的差距。实现梦想不仅需要付出努力，而且需要不懈地坚持，就像蝴蝶要经过一段时间的沉寂和等待，才能在春天用尽全身的力量破茧而出，飞向花丛。

清华大学博士生导师颜宁教授在一次演讲中说，她担任研究生招生委员会负责人时，发现很多女孩面试的时候，不论是专业知识，还是语言表达，包括仪表风采，都让人感到非常优秀，可是开始从事独立的科研工作时，人们突然发现许多优秀的女孩不知道去哪里了，其中一个重要原因就是缺乏恒心，被人生道路上的暂时困难吓跑了。

颜宁介绍说，她的一个女研究生在学业和做实验方面非常优秀，她当然希望这位女生继续读博士生，毕业后从事科学研究工作。有一天，这位女生突然对导师颜宁说，她不想读博士了。颜宁问其原因，原来这位女生当时正好有一个应聘的机会，她担心以后找不到工作，所以放弃读博。从此就告别了成为科学家的梦想。

女孩在青葱岁月求学要了解你自己，勇敢地做自己。假若有梦想，就应该遵从自己的内心，勇敢地坚持下去，不要屈服于外在的压力。

一位壮家姑娘的航母梦

☆★☆★☆

梦想是实现人生的既定目标，是迈向成功的第一步。许多女孩都有远大的梦想，有了梦想就要付诸行动，充分认识自身的素质和所处的环境，不断完善自己，这样才能离目标越来越近。

2016 年 9 月，中俄再次举行了海上军演。在这次军演的总评阶段，当记者进入蓝方指挥舰郑州舰采访时，桌上的两张纸引起了记者的好奇心。观摩此次军演的我国首位女副舰长韦慧晓告诉了记者这两张纸的意义：它们是此次演习协同计划表和态势图，这“一表一图”将这次演习的作战要求、要点以及布势等关键要素都一览其中。

这位女副舰长韦慧晓是什么来历呢？她是美女、是博士、是军官，她还是一位土生土长的壮族姑娘。1977 年 12 月出生于广西百色，在百色中学读了 3 年初中，并且连任了 3 年班长，不仅学习好，而且与同学相处融洽，深受老师和同学们的喜爱。

高中毕业后，韦慧晓考取了南京大学大气科学系，在校学习期间，她专业学习成绩优异，还曾担任南京大学礼仪队队长。1998 年 10 月，南京大学授予美国前总统老布什“名誉博士”学位，学校选派韦慧晓作为唯一献花使者，她用流畅的英语向老布什道贺时，老布什握住她的手说：“你是个美丽的姑娘！”

本科毕业后，韦慧晓就职于华为技术有限公司，任公司高级副总裁秘书、行政助理。出众的工作、良好的人缘，使她获得华为公司“金牌个人”奖，所带领的团队也荣获“金牌团队”称号，成为了人人艳羡的高级白领。然而，她并没有满足物质上的充实，她向往更高的精神追求。工作四年后，她选择继续深造，并以第一名的绝对优势跨专业考入中山大学地球科学系，成为硕博连读研究生。

读博期间，参军的念头逐渐在韦慧晓脑海中清晰起来，而且带着一种时不我待的紧迫感。因为按照规定，博士毕业生入伍年龄一般不超过 35 周岁，而她正在一天天逼近实现梦想的最后期限。在她看来，就像曾经去西藏支教和做北京奥运会志愿者一样，她希望能够投身到一项神圣的事业中，尽自己的一份力量。参军就是这样一件神圣的事。当年高考填志愿时，在“提前批次”志愿一栏，韦慧晓曾郑重地填上了国防科技大学，结果就因为该校在当地学员已经招满，只好作罢。这一次，她决定不再让机会溜走。

2010 年 10 月底，夜阑人静，韦慧晓挑灯给海军有关部门写了一封自荐信 :“航母是中国水兵最大的舞台，为了心中的梦想，我申请当一名普通的航母舰员，在战风斗浪中历练成长！”以此来表达想成为一名现役军人的愿望。实际上，为了穿上军装，她在两年前就开始有计划的进行体能训练。先是每天跑四五公里，一年后增加到十公里，“把运动当成和吃饭睡觉同等重要的事情来做”。

自荐信寄出后，韦慧晓做好了“打持久战”的准备。没想到，3 天后她就收到了海军有关部门的电话。半个月后，海军方面派人到学校考察，了解情况后为她提供了 3 个选择，其中包括当时正在组建的航母接舰部队。

听到航母两个字，韦慧晓的眼神一下子就亮了。没有任何犹豫，她选择了这项与民族崛起紧紧相连的事业。直到 2012 年 2 月底去部

队报到，韦慧晓才意识到，与满腔的热忱相比，她对这支部队的了解少得可怜。在她的想象中，他们应该住在岸上的宿舍楼里，可实际上，由于当时航母还在建设中，大家全都住在旁边的生活保障船上。在生活保障船上，每次吃完饭，韦慧晓都会特地从餐厅绕到船尾，只为多看一眼航母。直到 2012 年 3 月中旬，她终于登上了每天行注目礼的航母。同年 10 月，韦慧晓被任命为航海部副航海长，成为航母上第一位女副航海长。

2015 年韦慧晓从辽宁舰调到某导弹驱逐舰担任实习副舰长，成为中国海军第一位女副舰长。

女孩该懂得的道理

韦慧晓硕博连读期间，曾赴西藏支教、到北京当奥运会志愿者，毕业后实现了航母梦，可以说，她的人生之路充满了跨越和精彩。但不能不说，这些机会都是她主动争取到的。一个人一旦确定了人生目标，就要积极争取，并为实现目标而不断努力。

知识放大点

航空母舰，是一种以舰载机为主要武器的大型水面舰艇，可以在远离其国土的情况下施加军事压力或进行作战，是一个国家综合国力的象征。航空母舰通常按满载排水量的大小分为大型航空母舰（6 万吨以上）、中型航空母舰（3–6 万吨）和小型航空母舰（3 万吨以下）；按动力装置可分为核动力航空母舰和常规动力航空母舰。

成长金点子

如何确定自己的目标

一个人有了目标，就有了前进的动力；如果没有追求的目标，个人的潜能就无法释放。因此要想激发自己的潜能，就应当从确定目标开始。

首先，要客观地评估自己，制定有效目标。确定目标要符合自己的实际情况，而且目标是具体的，在一定的时间内、经过一定努力是能够实现的。不可量化又没有时间限制的目标是没有意义的。

其次，制定目标要有阶梯性，能层层分解。先制定好总体目标，然后逐层分解为几大步、几小步，在什么时间内完成什么目标。这样总体规划，层层分解，在实现目标的过程中就会有章可循，逐个实现，就会不断自我激励，直至成功。

平民女孩的成名路

☆★☆★☆

梦想是前进的动力，是勇往直前的目标。女孩有了梦想才会有希望，有了希望才会有为之奋斗的激情和敢于拼搏的精神。许多成功人士都是凭着少年时期的一个梦想，最终站到了人生的巅峰。

希拉里·斯万克是美国著名影星，她出生在美国一个普通家庭，父亲是一名警卫员，母亲是一名文秘。斯万克从小跟随父母生活在华盛顿州贝林翰市的一个贫民区。少年时期的斯万克天真烂漫，喜欢望着天空梦想自己的未来。她最大的梦想是当一名演员。当同龄的少女还在用功念书的时候，她已经把一些精力花在了学校和社区组织的各类演出中了。

斯万克喜欢融入某个角色的感觉，甚至常常达到了忘我的境界。为了表演，她曾和十几个同龄的女孩子挤在一间小宿舍里，她并不觉得苦。15 岁那年父母离异，曾经做过踢踏舞演员的母亲对她说："如果你想继续追梦，那我们一起去好莱坞吧！"就这样，斯万克和母亲拎着大包小包，开着婶婶卖给她们的二手车来到了洛杉矶。

起初，她们母女就住在车里，后来母亲的一位朋友搬家了，就把以前自己租下的房间暂时借给她们母女俩。为了不被房东发现，斯万克和母亲白天出去寻找工作，晚上就睡在一张气垫床上。由于没有固定的经纪人，斯万克根本没有演出的机会。她的母亲掏出了仅有的

75 美元，跑到电话亭里给所有经纪人公司打电话。那个时候，她没有简历，也没有钱拍造型照，甚至连家庭住址和电话都没有，只好和母亲整天待在电话亭里期待机会的降临。

终于有一天，一家童星公司在经过面试后同意让她演出。两年后，斯万克在电影《空手道神童Ⅳ》中崭露头角。但在群星耀眼的好莱坞，这一切马上就成了过眼云烟。此后的几年间，斯万克一直出演一些小角色，但她始终没有放弃梦想。一边为了生计拍戏，一边用心磨练演技。后来，著名导演金伯利·皮尔斯经过 5 年的筹备，决定拍摄一部电影，却一直没有找到合适的女演员，直到看到斯万克的照片，这位导演眼前一亮，因为他发现她身上具有一股坚定、自信的独特气质，导演觉得她就是电影《男孩不哭》女主角的最佳人选。

最终，斯万克凭借自己出色的演技打动了观众和影评人，也震撼了好莱坞。1999 年，斯万克凭借在《男孩不哭》中的精彩表演，将“金球奖最佳女主角奖”和“奥斯卡最佳女主角奖”揽入怀中。那一年，她才 25 岁。

在此后的 4 年里，斯万克出演了 8 部影片，都没有再引起任何大的反响，媒体甚至评价她是无法超越自己。面对质疑，斯万克坦然地回答：“谁都会有不如意的时候，但是我会回来的。”果然，她的机会来了，5 年后，著名导演克林特·尹斯伍德邀请她饰演《百万美元宝贝》的女拳击手麦琪。为了演好这个角色，斯万克接受了长达 3 个月的专业训练。在影片中，她坚持不用替身，所有的危险动作她都亲自上阵。2005 年，这部电影使她第二次捧回了奥斯卡最佳女主角的“小金人”。

女孩该懂得的道理

女孩心中怀揣梦想，就要有为之奋斗的动力，还要有为此不怕吃苦的精神，生命就会因此而闪耀出动人的光彩。假如希拉里·斯万克当初没有梦想，没有坚定的努力方向，她最终能捧得奥斯卡金像奖吗？答案不言而喻。

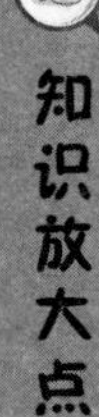

知识放大点

奥斯卡金像奖，是美国电影界设立的最高奖项，每年评奖一次。分别授予当年年度最佳男女演员、最佳导演和最佳编剧等。它不仅反映了美国电影艺术的发展进程，而且对世界许多国家的电影艺术都有着不可忽视的影响。

做个有理想的女孩

理想催促人们向着自己期望的目标前进。一个人要想取得成功，最重要的是要有明确的目标。有了坚定不移的奋斗目标，总会有办法找到通向那个目的地的道路。

科学共产主义创始人卡尔·马克思，从小就树立了远大理想和目标，这种远大理想和目标一直激励着他勇往直前。他在《资本论》这部巨著里，揭示了资本主义经济运行层次的各种规律。这一理论的发现，对世界近一半的人口产生了巨大影响，因此得到了全人类的敬仰。

如果你想取得成功，成为一个有理想、有抱负的女孩，就需要从小确立自己的理想，确定自己的人生目标，这样你就可以始终保持正确的前进方向。当你面临一个个岔路口的时候，你就不会陷入犹豫不决的状态，甚至迷失方向而误入歧途。

“女猪倌”的创业路

☆★☆★☆

很多女孩小时候非常聪明，对未来怀着美好的愿望，然而长大之后却偏离了自己当初设定的人生目标，根本原因就在于她们缺乏对人生梦想的坚持，遭遇挫折就抛弃了当初的梦想。其实，任何人要把梦想变为现实，往往都会遭受艰难困苦。

1997年，18岁的李菊兰中专毕业后，带着满腔的热血和对繁华都市的向往，只身前往北京，在亚太中心开始了她的打工生涯。她勤奋努力，很快就被晋升为企业管理人员。经过两年的打拼，李菊兰有了自己创业的想法，在北京创立了自己的服装公司，进行服装成衣生产及销售。凭借诚信经营，企业很快就进入了正轨，年生产服装5万件，销往全国各地。这次创业，让她淘到了人生中的第一桶金。李菊兰一边经商，一边利用业余时间自学，取得了大专文凭。

俗话说：甜是家乡水，亲是故乡人。随着公司规模越做越大，资产越来越多，李菊兰在北京有了自己的事业，也有了幸福美满的家

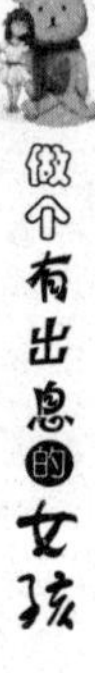

庭，但在这繁华的都市里，她却找不到家乡的味道和感觉。每次回家探亲，看到家乡的面貌总在发生惊喜的变化，特别是一项项惠民政策的出台，让她看到了在家乡发展的商机。通过走访、调查，她决定回家办个养殖园。

李菊兰转让了自己的公司，带着多年积累的经验和积蓄回到了家乡，并在短时间内建起了10栋标准化猪舍、10栋半棚养殖猪舍的生态养殖园，购置了产床、大型粉碎机等各种设备。在李菊兰看来，从做服装企业到办大型养殖场，两个不同行业的跨越确实很难。但她坚信只要敢打敢拼，就没有办不成的事。在艰辛的创业路上，她不断学习，买书看、上网学，参加各类实用技术培训班，与本地养殖大户交流取经，到其他地区学习借鉴先进养殖经验。功夫不负有心人。养殖园第一年的效益就很可观，回收了成本，还获得了一些利润。

后来受国际金融危机影响，生猪市场一度低迷。猪价下跌，饲料上涨，造成养殖园经济损失重大，不得不以低于成本的价销售生猪以及猪肉，甚至连当地最大的一家养殖户也退出了生猪养殖业。多养一天就多赔一天的压力，让李菊兰几乎喘不过气来。她四处奔波寻求资金支持，每天都辗转于各大银行之间争取贷款。同时，积极寻求养殖园的出路，增强养殖园的抗风险能力。最后，在大家的支持和全体员工的努力下，养殖园终于渡过了这次难关。

经过市场风波的洗礼，李菊兰意识到要想寻求更大的发展，就必须科学管理，打造品牌。于是李菊兰在饲养、疫病防治、养殖方法、养殖模式上下功夫，向科学管理要质量、要效益。她从东北引进了野猪，掌握野猪的人工驯养技术，利用当地盛产的名贵中药材锁阳，研究科学配方，生产出绿色食品“锁阳猪肉”；她散养的土鸡个体大、肉质好，常常供不应求。这些优势在一定程度上增强了抗击市场风险的能力。养殖园还采取公司＋基地＋农户的模式，以养殖园为基地，由基地提供种苗和饲养技术，带动乡亲们从事养猪工作，并在北京设立销售公司，协助养殖户销售。如今，李菊兰的生态养殖园成为了当地最大的集饲养、屠宰、加工和销售于一体的肉类食品企业。

女孩该懂得的道理

每个女孩都想实现自己的梦想，可是梦想和现实总会存在差距。所以，实现梦想不仅仅需要付出努力，而且还需要战胜困难的信念和勇气。就像故事中的李菊兰经受住了磨难，最终绽放出了自己的精彩！

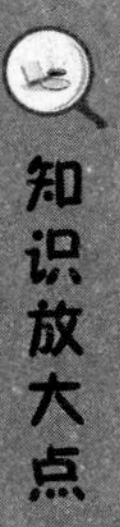

国际金融危机，是货币危机、信用危机、银行危机、债务危机和股市危机等的总称。一般指一个国家的金融领域出现了异常剧烈的动荡和混乱，并通过各种渠道传递到其他国家，从而引起国际范围内金融危机爆发的一种经济现象。

成长金点子

敢于迎接挑战

首先，不要在意别人说“不可能”。人们常说，失去双臂的人不会游泳，但国际上没有双臂的游泳冠军却不止一个；有人又说，没有听觉的人感受不到声音的美妙，但世界伟大的音乐家贝多芬却在耳聋之后创作出古今震铄的音乐。凡此种种，还有许多。他们的成功都有一个共同点：敢于迎接挑战。如果总是听别人说“不可能”或“你不能”，长期沉浸在别人的思想教条之中，那永远不会打破常规，创造奇迹。

其次，做好遭遇失败的准备。在实现梦想的道路上，总是存在着各种艰难险阻，需要女孩积极主动地去攻克难关，从而实现自己的目标。女孩一旦确立了理想，就应当坚定信念，排除一切困难、干扰，坚定不移地朝着理想的目标去努力奋斗，不能因为有了困难和干扰就失去信心。

让梦想早日起航

☆★☆★☆

如果女孩不去为实现梦想做出规划，梦想就会成为空想。若要将梦想变成现实，就需要做好人生规划，也就是根据社会发展的需要和个人发展的志向，对自己未来的发展道路做出一个完美的策划，然后逐步实施。

有一次，罗曼·皮尔总裁在打高尔夫球时，把球打进了杂草区。刚好在附近有一个清扫落叶的女中学生，她叫罗琳，是利用暑假来这里打工的。看到罗曼·皮尔在那里找球，罗琳就帮他一起寻找。找到球后，罗琳犹豫地说："皮尔先生，我想找个时间向您请教。"

"什么时候呢？"皮尔问道。

"哦，什么时候都可以。"她似乎感到有点意外。

"像你这样说，你是永远没有机会的。这样吧，30 分钟后在第 18 洞见面谈吧！"皮尔说道。

过了 20 分钟，罗琳就提前到了那里。坐在树阴下，皮尔先问她："现在告诉我，你有什么事要同我商量？"

"我也说不上来，只是觉得快要毕业了，自己想做一些事情。"

"能够具体地说出你想做的事情吗？"皮尔问。

"我自己也不太清楚。我很想做和现在不同的事，但是不知道做什么才好。"罗琳显得很困惑。

“那么，你准备什么时候实现那个还不能确定的目标呢？”皮尔又问。

罗琳对这个问题似乎既困惑又激动，她说：“我不知道。我的意思是有一天，有一天想做某件事情。”于是，皮尔问她喜欢什么事。她想了一会儿，说想不出有什么特别喜欢的事。

“原来如此，你想做一些事，但不知道做什么好，也不确定在什么时候做。更不知道自己最擅长或喜欢的事是什么。”

听了皮尔这么一说，罗琳有些不好意思地点头说：“我真是个没有用的人。”

“罗琳，你不必自责。你只不过是没有把自己的想法梳理出来，或者是缺乏整体构想而已。你有上进心，才会想着做些什么。我理解你，也信任你。”皮尔建议罗琳花一点时间去考虑自己的将来，确定自己的人生目标，估计何时能实现这个目标，得出结论后不妨写在稿纸上，然后再来找他。

过了半个月，罗琳显得有些迫不及待，而且精神上看起来像完全

变了一个人似的，这次她出现在皮尔面前，带来了明确而完整的人生规划。而近期的目标是要成为她现在打工的这个高尔夫球场的经理。因为她听同事说，现任经理5年后就退休了，所以，她把达到目标的日期定在5年之后。皮尔看了她的规划，并没有提出任何具体的改进方案，只是诚肯地给了她几句鼓励性的忠告。

在接下来的5年里，罗琳在工作之余不断给自己“充电”，完全掌握了担任高尔夫球场经理人必备的管理才能。在球场招聘经理这个空缺时，没有一个人是她的竞争对手。罗琳如愿以偿地当上了球场经理。

女孩该懂得的道理

女孩要想成就一番事业，实现个人的人生目标，就必须做出人生规划，充分了解自己、分析自己，明确自己的性格特质与天赋，然后根据这些制作一份详细的人生规划，不断地完善自己。没有人生规划，梦想就只是空谈而已。

知识放大点

“高尔夫”是GOLF的音译，由四个英文单词（Green、Oxygen、Light、Friendship）的首字母缩写组成。这四个单词的意思是“绿色、氧气、阳光、友谊”。高尔夫球是一种把享受大自然乐趣、体育锻炼和游戏集于一身的运动，在室外草地上进行，设9或18个穴。运动员逐一击球入穴，以击球次数少者为胜。

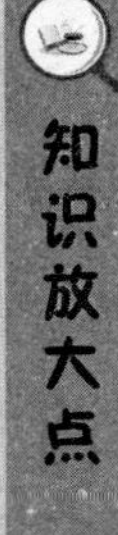

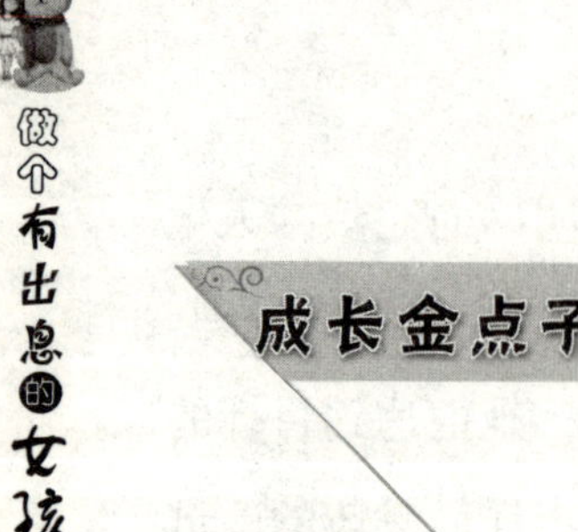

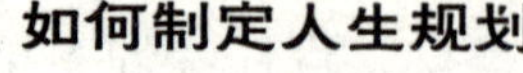

如何制定人生规划

首先，在一个本子上写下自己的理想，要有非常明确的目标和详细的步骤。你的理想可以很大，但是近期的计划要非常具体，具体到时间、地点、做哪些事情等。每天拿出这个本子看两遍，早晨一遍、晚上一遍。看完后要分析，做到了什么，没有做到什么，应该怎么去调整，怎么去改进，时间长了，就会收到很好的效果。

其次，为自己制定一个计划。起初，可以是天计划，一天里要做的事情可以不多，但一定要认真地完成，而且必须保证今日事今日毕。然后，在天计划的基础上，再制定月计划、年计划等。一般能做到今日事今日毕的少年儿童，在未来的生活中都能在计划的时间内完成自己的既定目标，实现自己的理想。

第二章

信念能够改变人生，自信能够创造奇迹

美国作家爱默生说："自信是成功的第一秘诀。"自信就像无声的涛、隐形的浪，激励追梦的人乘风破浪，勇往直前。古往今来，但凡成功的人士都是对自己从事的事业充满了信心，这样自己才会全力以赴，克服所遇到的一切困难，努力达到自己期望的结果。倘若自己都没有信心，又如何期待奇迹发生呢？在追求梦想的道路上，自信可以让女孩内心坚强，矢志不移，及时排除外界的干扰，迈向既定的目标。

自信的女孩有好运

☆★☆★☆

凡是成功的人都有强烈的自信心。所以，做一个有出息的女孩必须有自信。如果确立了目标，就要敢于大胆尝试，勇于接受挑战。既不为闲言碎语所左右，也不为挫折所动摇，努力开拓出一片属于自己的新天地。

2016 年，无锡市残联第一次面向残疾人招录公务员。来自江西财经大学的“袖珍女孩”易程安通过江苏省统一组织的笔试和面试，成为最终的胜出者。

易程安出生于一个普通家庭，父母给她取名“程安”，希望她一生平安。可是，她的人生道路却充满了坎坷。刚上小学时，因为个子小，许多老师不愿意接纳她，幸亏有一位熟悉的老师接纳了她，才使她不至于辍学。上学后，同学们的身高都在快速增长，唯独她增高不明显。易程安因此经常会听到一些人的闲言碎语。每次听到那些嘲讽和讥笑，她都感到非常难过。性格坚强的她相信，只有让自己变得优秀，才会让别人刮目相看。

凭着一股对命运不屈不挠的抗争精神，易程安在小学、初中、高中期间，年年被评为“三好学生”。她在小升初的全县统考中，取得了语文和数学总分在全县第一的成绩；中考时取得全县第 16 名的好成绩；高考成绩更是超出一本线 52 分，被江西财经大学会计学院录取。在小学和中学阶段，她还可以得到父母和老师的悉心照顾。在考入大学后，因远离家乡，所以她必须学会独立生活。

进入大学后，她面临很多不适应——水房的水池比较高，即使踮起脚也摸不到水龙头；因为手短，窗台的晾衣架不能轻易推出去；食堂饭卡机太高，根本够不到……这些对其他同学轻而易举的小事，对易程安来说无比艰难。身边的很多人都给予了她帮助，同学帮她取货架上的商品，食堂阿姨帮她刷饭卡……但她并没有理所当然地依赖老师和同学们的帮助，她明白，大家并没有帮她的义务，只有自立、自强才能得到大家的尊重。于是，她竭尽全力向所有的生活困难发起挑战。水龙头够不着就踩凳子，洗衣机里衣服拿不到就用撑衣杆挑，军训怕拖后腿就加倍努力练习，课堂上怕看不到投影屏就早点到教室坐前排……当身边的这些困难都迎刃而解时，她发现其实生活并没有想象的那样艰难。其实，比身体缺陷更可怕的，是自己的胆怯和懦弱！

在解决了生活上的难题后，易程安专心投入学习，不久便获得了“三好学生”称号和中国注册会计师协会奖学金。学习之余，她积极发挥自己的特长和爱好，加入学院的 PPT 和摄影社团。凭借积极阳光的生活态度和品学兼优的综合表现，易程安接连获得了江西财经大学授予的“青春榜样”“十大自强之星标兵”等荣誉。

易程安在大学时发奋学习，渴望用学到的会计知识对社会作一份力所能及的回报。但是理想与现实总有一些距离。她在实习和毕业求职时被不少单位拒之门外，但她从未抱怨企业对她的歧视，从未冷却回报社会的热情。

2016 年，无锡市残联首次面向残疾人招录财会出纳职位。来自全国的残疾人纷纷报名，竞争这个对于残疾人来说难能可贵的机会。易程安最终以出类拔萃的综合能力、落落大方的谈吐相继取得笔试、

面试的第一名，毫无悬念地成为无锡市残联的新成员。

女孩该懂得的道理

从这个故事中可以看出，易程安从小学到中学直至大学，她都是一名优秀的学生。在竞争激烈的公务员考试中过五关斩六将，最终成为公务员，这一切源于她的自信！自信使她内心产生了巨大的内在力量，积极地自我暗示、自我鼓励，从而保持了心理平衡，变不利为有利。所以，有自信的女孩常常会有意想不到的好运。

知识放大点

注册会计师，是指取得注册会计师证书，并在会计师事务所执业的专业人员。在我国，报考注册会计师需要具有高等专科以上学校毕业学历，或者具有会计或者相关专业中级以上技术职称；执业资格考试成绩合格，并从事审计业务工作二年以上的，可以向省、自治区、直辖市注册会计师协会申请注册，注册成功者即为注册会计师。

成长金点子

如何养成自信习惯

首先，正确认识自己。每一个人都有长处和短处，在学习和生活中要扬长避短，增强自信心。

其次，正确对待失败和挫折。不要因

一时的失败和挫折而一蹶不振，要从失败和挫折中吸取教训，使自己得到提高。

再次，保持乐观的心态。一般地说，自信的人多是乐观的人，正是这种乐观的情绪，才能使一个人的自信心逐步得到发展与巩固。

最后，回忆美好的事情。每个人的心里都有令自己感到满意的往事。回忆过去别人对你的赞美，并且记录下来，你就会重拾自信。

为实现求学的信念长途跋涉

☆★☆★☆

每个女孩都具有成功的潜能，但生活中成功的女孩却只占很少的一部分。她们究竟是依靠什么力量获得了成功呢？有人说成功靠恒心、靠天赋；有人说成功靠信念、靠机遇；还有人说成功靠习惯、靠心态……这些都是必要的条件。特别需要提醒的是，成功者必须拥有超强的信念和胆识。

一个 16 岁的女孩，名叫詹妮，父母都是文盲。她完成中小学课程后，计划徒步从家乡尼亚萨兰村庄向北穿过东非荒原，到达开罗，然后从那儿乘船到美国，开始她的大学生活。詹妮独自踏上了自己的人生旅途，身上仅带着能维持 5 天的食物，还有两本书，另外就是一把用于防身的小斧头和一块毯了。

詹妮的旅途源于她的一个梦想。她希望能像英雄亚伯拉罕·林肯或布克·华盛顿那样，服务于大众。不过她十分清楚，要实现这个目标，自己需要接受最好的教育。所以，她下定决心：不管路途多么遥

远，她一定要到达美国。

在崎岖的非洲大地上，经过整整5天的艰难跋涉后，詹妮才仅仅前进了25英里。食物和水已经快没有了，而且她身无分文，要想继续走完后面的路程似乎是不可能了。但是，她一直告诉自己：回头就是放弃，就是重新回到贫穷和无知。

詹妮继续前行。每到一个新的村庄她都非常小心，因为不知道当地人对她是充满敌意还是友善。有时她依靠临时工作，暂时得到栖身之处。不过大多数夜晚她是在野外睡觉的，她依靠野果和其他可吃的植物来维持生命。艰难的旅途使她变得又瘦又弱。后来经历了15个月，走了近1000英里，才到达了乌干达首都坎帕拉。在坎帕拉的6个月期间，詹妮靠帮人做点零工维持生活，并且一有时间就到图书馆阅读各种书籍。

在图书馆里，詹妮找到一本图文并茂的美国大学入学指南书，其中一所位于华盛顿弗农山区的斯卡吉特峡谷学院吸引了她。虽然不知道自己会不会被接收，但她仍然给学院的主任写了一封信，述说了自己的情况，并向学院申请希望得到奖学金。斯卡吉特峡谷学院的主任被这个年轻人的决心深深地感动了，接受了她的申请，还向她提供了奖学金和一份工作。

收到回信时，詹妮非常激动，因为梦想又前进了一大步。然而她也知道，前方的路并不是那么好走，她必须具备签证才能去美国，但要拿到签证，她还需要证明她拥有支付自己往返美国的费用。但这一切困难都没有将她的梦想击垮，反而促使她以更加坚定的心态继续前行。皇天不负有心人，她的事迹被越来越多的人知道，人们都纷纷伸出援助之手，尤其是斯卡吉特峡谷学院的学生们，组织捐款并寄给詹妮，用以支付她来美国的费用。

经过两年多的努力，詹妮终于来到了斯卡吉特峡谷学院，带着自己最宝贵的两本书，她很自信地跨进了学院高耸的大门。她知道，从这一刻开始，她要在这里为自己的梦想而奋斗了。后来，她通过坚持不懈地努力，成为该大学的优秀毕业生，并成为一名著名作家。

女孩该懂得的道理

信念是人生道路上的航灯。一个人有信念，就像在黑暗中看到了曙光。只要心中存有信念，并把它铭刻在心，让自己时刻都为了信念而不断努力，就会迎来绚烂的前景。出身卑微或者重重困难不应该成为女孩放弃梦想的借口，有道是：有志者事竟成。

知识放大点

亚伯拉罕·林肯，美国政治家、思想家，第 16 任美国总统，其任总统期间，美国爆发内战，史称“南北战争”。林肯坚决反对国家分裂，他颁布了《宅地法》和《解放黑人奴隶宣言》，废除了叛乱各州的奴隶制度。内战结束后不久，林肯遇刺身亡。他是首位共和党籍总统，多次被评价为“最伟大的总统”。

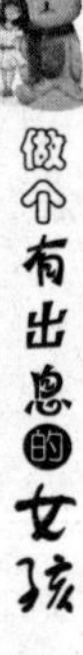

作家需要具备哪些条件

詹妮从一位穷困的非洲女孩，靠坚强的毅力和不懈的努力，最终被美国斯卡吉特峡谷学院录取，而后又通过自身的勤奋努力，成为著名作家。

其实，很多女孩都有语言天分，从小就善于文字表达，作文往往也比同龄的男孩写得好。也有一些女孩在上小学时就爱好文学，开始尝试写诗歌、散文，梦想成为一名作家。而想要成为作家首先需要扎实的语文功底和良好的文学修养，其次要掌握和语文联系非常紧密的历史、政治、地理、哲学、逻辑学等人文学科的知识，还要了解和掌握最基本的数学和自然科学方面的基础知识，并善于观察、概括和描述生活。

作为学生时期的女孩，需要打好文字功底，多读一些文学名著和作家传记等都会有很大收益。只要有信心，不放弃自己的梦想，多读多看，多写多练，就一定能梦想成真。

告诉自己“我能行”

☆★☆★☆

如果一个人善于发现自己的长处，并不断暗示自己有某种能力，就会逐渐建立起自信；如果总认为自己不行，什么都不敢去做，就会变得越来越不自信。如此陷入恶性循环，就会一事无成。

莉莎小的时候，家里生活窘迫。后来，她跟随父母从意大利移民到了美国，他们一家的经济境况始终不见起色。她的童年是在汽车城底特律度过的，全家人几乎每一天都要在饥饿线上挣扎，烦恼和自卑在她的心里留下了深深的阴影。在学校里，她没有勇气举手回答老师的提问，小伙伴们玩游戏从来也不叫她，老师甚至都记不住她的名字。

有一天，莉莎的母亲告诉小女儿：“孩子，抬起头来！世界上没有谁跟你一样，你是独一无二的。自己的命运要靠自己掌握。”这句话极大地鼓励了莉莎，她的心里由此燃起了追求成功的渴望。她认定自己就是最好的，没有人能比得上她。于是，她在每天睡觉前，都要对自己大声说：“我是最棒的！”

由于这种信念和精神力量的支撑，莉莎的学习和生活发生了巨大的变化。老师和同学忽然发现莉莎变了：她总是昂着头，带着微笑来到学校，即使遇到麻烦她也不会因害怕而低下头去；上课时莉莎也敢举手发言、回答问题了。同学们不禁疑惑起来：“这还是以前的那个

莉莎吗?”她究竟得到了什么“法宝”,让她显得这么阳光和富有活力?她们哪里知道,其实答案就在于——莉莎的自信心被点燃了!

中学毕业后,莉莎第一次去应聘。那家公司的女秘书向她索要名片。因为莉莎刚毕业还没有名片,就随手找到一张扑克牌递了上去。幸运的是,那个女秘书没有仔细看就收下了,并通知她面试。在面试中,经理看着莉莎递交的名片是一张黑桃 A,心里感到疑惑,他不知道这是什么用意,他以前也从未见到过这样的“名片”,不由地问道:“小姐,你是黑桃 A?”

“是的,先生。”莉莎的脸上带着自信的微笑。

“为什么是黑桃 A 呢?”经理不明白。

“因为 A 代表第一,而我刚好是第一。”

经理睁大了眼睛,他没有想到一个小女孩竟然如此有强者的气势,当即决定给她一个机会。就这样,莉莎被公司录用了。

后来,莉莎依靠自信和勤奋,一年中成功销售出 1525 辆汽车,创造了吉尼斯世界纪录,果真成了世界第一。

女孩该懂得的道理

只有对前途充满希望,才能够到达成功的彼岸。告诉自己“我能行”,其实就是一种积极的心理暗示,也就是要我们多想美好的一面。当你做某件事情没有信心的时候,可以站在镜子面前,对着镜子鼓励自己说:“我是最棒的!”然后再幻想成功后的情景,你就会充满信心地朝着成功的方向努力去奋斗。

吉尼斯世界纪录，被公认为世界纪录中的权威。拥有60余年的历史，独立核实并庆祝了众多世界之最。现存逾4万条精彩纪录，涵盖个人技能、自然科学、人文娱乐、新兴科技、城市生活等各个领域。

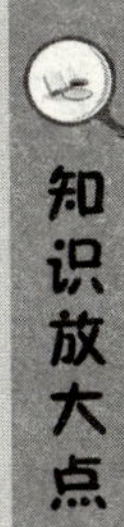

成长金点子

积极自我暗示的方法

我们在日常生活中会有这样的体验：当我们因为一次成功或别人的夸奖而认识到自己的长处时，就会感到信心倍增；当因为一次失败或别人泼冷水时，就会感到灰心丧气。这种现象充分反映自信是一种主观体验，具有不稳定性，因此，培养自信心的主要方法就是强调个人的主体性，经常进行自我激励。长期自我暗示，可以使自信成为稳定的心理品质。常见的积极自我暗示的方法有两种：

其一，语言暗示法。心理学研究表明，语言的暗示作用可极大地激发人的潜能，特别是在催眠状态下，人的思维活动可以完全受语言暗示的支配。比如在考试时，可多说一些自我鼓励和安慰的话语等，都能给自己一些积极的引导。

其二，音乐暗示法。优美动人的音乐，通过听觉器官作用于大脑皮层，给神经系统一个良好的刺激，能够使人的情绪振奋，引发轻松愉悦的感觉，使大脑的功能得到加强。

女孩在赞美中蜕变

☆★☆★☆

自信是女孩开启成功之门的金钥匙。古希腊哲学家苏格拉底说过：一个人是否有成就，只要看其是否具有自尊心和自信心。如果学习上缺少自信，就会丧失前进的动力；如果步入社会缺少自信，在人生的大舞台上就难以施展自己的才华。

一位女性焦虑地带着女儿来到心理学教授面前，诉说起女儿的情况："我真是弄不明白我的女儿到底是怎么回事。她非常散漫，学业荒废不说，也不知道把自己打扮得漂亮一些，作为一个女孩整天衣衫不整，做事总是那么浮皮潦草，她对周围的事物也是一副漠不关心的样子。她今年已经15岁了，如果继续这么不懂事，我真不知道该怎么办才好。"

听到母亲的抱怨，教授笑着说："其实这样的情况很普遍，请允许我单独跟您的女儿谈一谈吧。"

这位母亲同意了教授的请求，一个人走出了房间，然后教授仔细地观察了一会儿这个女孩。这个看起来衣衫不整、蓬头垢面的女孩其实长得很美丽，她的美丽却被自己沮丧的表情完全掩盖住了。

教授耐心地和女孩聊天，女孩仿佛似听非听，有些心不在焉的感觉。教授沉默了一会儿，突然问道："孩子，你难道不知道你是一个漂亮而有气质的女孩吗？你自己从来没有发现过吗？"教授的这句问话使这个女孩的大眼睛里放射出了一缕亮光。她有些不相信地盯着教授布满皱纹的面孔，问道："您说什么？教授。"

"我说你很漂亮，你是我见过的为数不多的漂亮女孩之一，问题在于你好像并不知道自己是个漂亮的女孩，这一点多么可惜啊！"

听到教授肯定的答复之后，女孩秀丽的脸变得明朗了，甚至露出了舒心的微笑。教授这种赞扬的话语她从未听到过，至少记忆中是这样的。在她的日常生活中，充塞耳际的除了同学们对自己的数落和嘲弄，就是母亲无休止的谩骂。时间长了，她也认为自己是个很让人讨厌的人，因而就开始破罐破摔了。

教授拉着女孩的手慢慢地说："孩子，我相信你是个干净漂亮、自爱自强的女孩，能不能让我在下周看到你那美好的一面，我和我的夫人下周要去看芭蕾舞剧《天鹅湖》，我们非常希望你能够陪我们一同欣赏。如果你愿意的话，我希望你能换换衣服，因为看话剧需要尊重演员，应该穿得庄重一些，所以你要把自己打扮得更漂亮一些。我们就在这儿等你，可以吗？"

女孩听到教授的话非常高兴，她蹦蹦跳跳地跑出去，和母亲一起回家了。

约定的时间到了，教授听到一阵轻轻的敲门声，打开门一看，不禁惊呆了：一身晚会的盛装衬托出一位犹如出水芙蓉般的少女，女孩的一举一动都是那么文雅、端庄。教授几乎认不出这个

女孩就是那位母亲口中颓废不堪的少女了。

从这以后，这位女孩变了，她改掉了以前的毛病，变得自爱而勤奋。后来，她果然有出息了，成为一位著名舞蹈艺术家。

女孩该懂得的道理

自信会让女孩子拥有一种特别的气质，一种具有震慑力的吸引力。如果女孩连自己都不相信，就算她本身很有能力也无法施展，就会失去她精彩的一面，人生也就因此而黯淡。所以，女孩要认清自己的劣势，及时修正；要善于发现自身的“闪光点”，并发挥隐藏的潜能，那么，你的人生就会得到彻底的改变。

抬头挺胸，表现出一副自信的模样。

知识放大点

芭蕾舞剧《天鹅湖》，是俄罗斯作曲家柴可夫斯基于1876年所作的第一部舞曲。剧情取材于民间传说：公主奥杰塔在天鹅湖畔被恶魔变成了白天鹅，王子齐格费里德在天鹅湖遇到奥杰塔并且对她产生了爱慕之情。在王子与奥杰塔新婚之夜，恶魔让他的女儿黑天鹅伪装成奥杰塔欺骗王子。所幸王子及时发现并战胜了恶魔。白天鹅才得以恢复公主原形，与王子开始了美好的新生活。

成长金点子

如何培养自信心

美国教育家戴尔·卡耐尔在调查了许多名人的经历后指出："一个人事业上成功的因素，其中学识和专业技术只占15%，而良好的心理素质要占85%。"自信是一种健康的心理状态。拥有自信的女孩都会相信自己的能力，这是推动女孩勇往直前的一种强大动力，也是女孩实现梦想的有力保证。女孩培养自信可以尝试从下面这两方面做起：

首先，主动表现自己。在学校，那些喜欢坐在后排座的女孩，多数是希望自己不要"太显眼"，对于老师的课堂提问，她们总是低下头躲避，生怕老师看到自己，这都是缺乏信心的表现。想要培养自信心的女孩可以试着坐在教室的前排，当老师提问的时候，尽量看着老

师的眼睛，积极地做出回答。

其次，敢于当众发言。在课堂上，很多女孩属于“沉默型”。她们安静地听课、记笔记，但从不在课堂上面发言。在她们看来，这并没有什么不好，但其实这也是缺乏信心的表现，而且越是不发言，就会愈来愈丧失自信。相反，如果积极当众发言，就会增加信心，同时正确对待答案的对错与否，相信学生学习也是一个探讨和积累的过程，那么就会让下次发言变得容易很多。

在困境中创造奇迹

☆★☆★☆

每个女孩心里都有梦想，但实现梦想的道路上总会出现这样或者那样的困难。只有信心坚定的女孩，才能战胜这重重困难，并在困境中创造出意想不到的奇迹。

20 世纪 50 年代，在美国一个铁路工人的家庭出生了一个女孩，父母给她取名杰瑞。

小杰瑞 6 岁那年不幸患了疾病，母亲抱着女儿到处求医，医生们检查后都摇头说这个病太难治了。杰瑞的母亲以为女儿的病真的无法医治了，就伤心地抱着女儿回了家。然而，瘦弱的小杰瑞居然在母亲的精心照料下挺了过来，勉强捡回来一条命。但是，她的右腿却因此落下了残疾。从此，小杰瑞走路时不得不靠拐杖。看到邻居家的孩子奔跑追逐时，小杰瑞沮丧极了，不知不觉中在心里蒙上了一层阴影。

在那段灰暗的日子里，杰瑞的母亲总是不断地鼓励女儿，希望她相信自己能够战胜疾病。母亲的鼓励给了小杰瑞希望的曙光，小杰瑞逐渐变得坚强起来。

有一天，她对母亲说："我的心中有个梦想，不知道能不能实现。"

母亲问她梦想是什么，杰瑞坚定地说："我想成为一名医生，给人们医治疾病！"

虽然母亲一直很坚强地鼓励她，但此时还是忍不住哭了。她知道女儿的这个梦想将难以实现，除非出现奇迹。

在杰瑞 9 岁那年，母亲听说城里有一位善良的医生免费为穷人家的孩子治病，抱着试试看的想法，母亲把女儿抱进手推车里，推着她走了两天才来到那个医生的诊所。这位医生诊断后说："你的孩子患的是小儿麻痹症，导致肌肉严重萎缩，只有不断按摩和有效锻炼才能保证不再萎缩。一旦肌肉恢复了活力，就有可能站立起来行走，但做到这一点需要患者具备超乎寻常的耐心和顽强的毅力。"

回到家之后，杰瑞的母亲抱着一丝希望，每天坚持为女儿按摩，杰瑞自己也努力地进行康复锻炼。虽然在锻炼过程会带来疼痛，但杰瑞从未因此而产生放弃的念头。她们都坚信会有奇迹出现的那一天。

5 年的辛苦和期盼终于有了回报。就在杰瑞 14 岁那年的一天，奇迹终于出现了——她扔掉拐杖站了起来。杰瑞的母

亲一把抱住女儿，泪如雨下。

中学毕业后，杰瑞考上了一所医学院。毕业后，经过多年的临床实习，她最终成为一名知名外科医生，实现了自己童年的梦想。

女孩该懂得的道理

人生的道路，不可能是一条坦途。追梦的女孩会面临许多意料不到的困难，但是，只要满怀信心，积极进取，再大的困难也挡不住你奔向梦想的脚步。很多时候，只要自信地面对困难和挫折，不畏惧、不退缩，积极地寻找战胜困难的方法，就会渡过难关，看到胜利的曙光。

知识放大点

小儿麻痹症，一般是指脊髓灰质炎，这是由脊髓灰质炎病毒引起的严重危害儿童健康的急性传染病。患者多为 1 ~ 6 岁儿童，主要症状是发热，全身不适，严重时肢体疼痛，发生分布不规则和轻重不等的迟缓性瘫痪。目前尚无药物可控制瘫痪的发生和发展，主要是对症处理和支持治疗。儿童口服脊灰减毒活疫苗，可以有效预防此病的发生。

成长金点子

做自信而有主见的女孩

有梦想有追求的女孩都是有主见的。倘若没有主见，人云亦云，没有自己的目标，或者受到他人的非议就动摇自己的人生信念，这是不可能实现人生梦想的。那么，如何才能做一个自信而有主见的女孩呢？

首先，树立自信，对未来有自己的规划和想法。遇到问题和挫折，能够勇敢地面对，积极寻找解决问题的方法和途径。在日常生活中，自己力所能及的事情，要依靠自身的能力解决。

其次，扩大知识面，博学多识往往能得到别人的认可。如果你和一个学识渊博、有能力的人在一起，你就会感觉自己没主见，因为对方比你的知识多，自然就显不出你的主见了。

可以多听父母或他人的意见，但要有自己的独立意识。

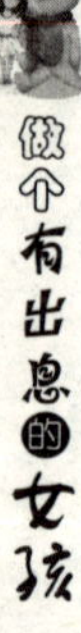

再次，积累处世经验。自信往往建立在经验的基础上。如果有一定程度的经验积累，那么在为人处世方面就会从多方面思考问题，考虑周全，思想成熟。

最后，不要盲目行动。做每一件事的时候，必须清楚目的是什么，预知结果会怎样，并采取相应的方法和措施，不至于被突发状况所困惑而陷入茫然不知所措的境地。

第三章

只有奋斗而来的美丽，没有凭空等来的辉煌

一个人取得成功后，随之而来的是鲜花、掌声和众人的羡慕。这让有的女孩看到了成功后的光环，忽视了成功前的努力和艰辛。事实上，任何成功都是用拼搏和汗水换来的，正如歌词里所唱的“不经风雨怎见彩虹”。世上没有轻轻松松的成功，也没有舒舒服服的光彩。

做有出息的女孩就要付出努力，既然选择了飞向天空，那就奋力搏击吧！

从农家女到女博导

☆★☆★☆

提到科学家、教授、博士生导师，人们自然会联想到戴着眼镜的斯文老学者。其实，当今拥有这些头衔的不乏青年才俊，甚至是年轻的女性。浙江大学信息学部控制科学与工程学院教授、博士生导师赵春晖就是其中的佼佼者。

年轻的赵春晖担任浙江大学教授，主要从事化工过程监测、故障诊断、质量预测与控制、糖尿病血糖监控等研究工作。2012 年入选教育部新世纪优秀人才；2014 年获得优秀青年科学基金；2015 年获得首届自动化学会青年女科学家奖。眼前这些耀眼的荣誉让人很难与她的出身联系起来。

小时候的赵春晖，说起来算不上是一枚“逆天”的学霸。她的父亲是工人，母亲是农民。在这样一个“工农结合”的家庭里，童年的赵春晖见证了父母起早贪黑的辛苦，以及为了填补家用利用空闲而去做零工的辛苦付出。虽然家境算不上宽裕，但父母全力支持女儿学习。

赵春晖上初中时，为了练习英语口语听力要购买录音机和磁带，母亲就把家里攒下来买牲畜的钱全部拿了出来。后来，赵春晖顾虑到家境状况而纠结于是否从研究生升入博士生的时候，她的母亲更是向女儿隐瞒了父亲的病情。每次赵春晖与家里通话时，她的父母在电话里从来都是报喜不报忧。父母的这份支持对赵春晖来说，就是她所有梦想的支撑。

在赵春晖心里，她是来自农村的女孩子，好好学习也就成了她回报父母辛苦劳作的最好选择。从初中到高中，赵春晖虽然算不上学霸，但在学习上一直是勤奋的。大学毕业后，她通过努力如愿考上了研究生，这并没有使她停止追梦的脚步。硕士毕业后，她又考上了博士研究生。此后，赵春晖开始了在研究领域的探索与追求。

刚升入博士研究生时，赵春晖第一次独立摸索着完成了一篇论文。她满怀期待又充满忐忑地把文章交给了导师，可是迟迟没有得到导师的反馈信息。她以为文章未能让导师满意，不禁感觉度日如年。两周之后，导师把赵春晖叫到了办公室，对她说："对刚刚步入博士阶段的女生能够写出这样的文章我感到惊讶。"听到这句话，赵春晖悬着的心终于放下了。除了鼓励和表扬，导师又具体给她指出了文章中的几处缺点，让她回去修改，然后让她试着向全球华人智能控制大会投稿。可喜的是，这次投稿很快得到了录用，这给了赵春晖莫大的鼓励。此后，她开始循着既有的思路继续探索，进行更严谨的推导、论证和结果的补充完善，并尝试向国际过程控制领域知名期刊投稿。在读博士期间，赵春晖发表了 10 篇 SCI 论文，这些论文都是在和导师一点点探讨中改出来的。在导师的建议下，赵春晖先后在香港科技大学、美国加州大学攻读博士后。在这期间，她通过不懈地努力，完成了自己的研究项目。

回国后，赵春晖加盟了浙江大学，开始申请国家自然科学基金优青项目。在这个过程中更是充满了苦与乐。2014 年的夏天，赵春晖向国家自然科学基金优青项目第三次发起"冲击"，不断在信息部、校级专家面前演示、修改 PPT。那段时间，她每天忙到深夜。她的努

力和精益求精终于换来了成功的喜悦。如今，赵春晖经常和国内外学术同仁进行学术交流，扩大学术圈内的影响力，并碰撞出了耀眼的火花。

女孩该懂得的道理

赵春晖从一位农家女孩通过勤奋学习，成为大学教授、年轻女科学家，诠释了知识改变命运、读书改变人生的道理。要想做有出息的女孩，就要努力学习，以便顺利进入大学深造，进而有机会攻读硕士研究生，甚至是博士研究生，成为专业人才，才能更有效地展示自己的才华，实现自己的梦想。

知识放大点

（化工）自动化，是指机器设备、系统或生产和管理过程，在没有人或较少人的直接参与下，按照人的要求，经过自动检测、信息处理、分析判断、操纵控制，实现预期的目标的过程。采用自动化技术不仅可以把人从繁重的体力劳动、部分脑力劳动以及恶劣、危险的工作环境中解放出来，而且能扩展人的器官功能，极大地提高劳动生产率，增强人类认识世界和改造世界的能力。

成长金点子

如何养成勤奋学习的习惯

无论是科学家，还是大学教授，都是学有所长的专业人才，他们的知识才能都是通过勤奋学习获得的。古人云：书山有路勤为径，学海无涯苦作舟。有的女孩认为取得成就的人是所谓的“天才”，其实则不然。美国发明家爱迪生说过：“天才，是百分之一的灵感加上百分之九十九的汗水。”可见，勤奋才是造就天才的重要条件。俗话说：“有志者事竟成。”想要一分收获，就得先付出一分汗水。做一个有出息的女孩，从小就要有梦想有追求，然后用梦想激励自己勤奋，并且养成勤奋学习的好习惯。

首先，严格要求自己。如果希望实现人生梦想，在学习上想取得好成绩，就不要有畏难情绪，要在行动上全力以赴，改掉懒散的习惯，使学习成绩不断提高，这是实现人生梦想的第一步。

其次，提高学习兴趣，提高学习效率。爱因斯坦说过：“兴趣是最好的老师。”带着兴趣学习，你就会变被动为主动，效果自然大不相同。同时，在学习中要善于总结规律，寻找记忆窍门，达到事半功倍的效果。

再次，学习要有毅力。有的女孩新学期开始时为自己制订了计划，基本做到了勤奋努力。而一旦短时间看不到效果，就以为自己确实“笨”，再勤奋也没有用，从而自暴自弃。其实，知识需要积累，习惯需要养成。学习成绩的提升也需要持之以恒。

凭着努力成为“央视”主播

☆★☆★☆

在十三亿多人口的国家里，我国中央电视台的《新闻联播》是家喻户晓的新闻节目，几位主播被人称为“国脸”，其知名度不亚于奥运冠军和影视明星。显然，入选《新闻联播》主播必然是播音行业里的翘楚。

看过中央电视台新闻联播的人，大概都认识这样一位具有亲和力的新闻女主播，她叫欧阳夏丹。她并非来自大都市里家境优越的家庭，而是来自于广西的一个普通家庭。

“个头不算太高，但已够标准；长得不算漂亮，但气质不差；声音不算响亮，但蛮有磁性；性格不够完美，但始终乐观开朗……”这是欧阳夏丹对自己的评价。

小时候，每次学校考试之后，总有几个女生因为没有考好而闹情绪，甚至为此哭泣，急得周围的同学想法子劝慰。欧阳夏丹却是个例外，学习成绩一向较好，就算考试偶尔有失手的时候，大家也丝毫看不到她的失落和难过，她的脸上始终挂着开心爽朗的微笑。时间长了，班里的同学都感受到：欧阳夏丹是一个乐观的女生，她也有考砸的时候，但她绝不会因此而悲观和沮丧。

几个与欧阳夏丹要好的女生私下问她：“你考试成绩不好的时候不伤心啊？怎么就没看见你哭过鼻子呢？”欧阳夏丹脸上仍旧挂着蜜

一般的微笑：“谁也不能时时刻刻都出类拔萃，只要我尽力做到了最好的自己，那就够了。全力以赴地付出过，剩下的就是乐观地面对生活。”

欧阳夏丹 16 岁时，她的父亲因为肝癌去世了。她当时正要面临高考，那是她人生中的一个重要关卡。父亲离世后，妈妈一个人带两个孩子维持生活，家里的生活一度非常拮据，有时候欧阳夏丹一天只能用一个面包勉强充饥。然而，即使面对如此窘迫的生活状况，她擦干眼泪，仍旧面带坚强的笑容，继续自己的学业，并且取得了骄人的成绩。

学生时代，欧阳夏丹的职业理想是当主持人和老师。1995 年她得偿所愿，成为当年广西考区唯一考上中国传媒大学播音专业的人。进入大学后，欧阳夏丹每天都起得特别早。当时操场上有很多大树，大家都觉得对着树干练习播音很有感觉，因此，仅有的那几棵核桃树总是被欧阳夏丹和她的同学们“抢来抢去”。欧阳夏丹这样坚持了两三年，可以说，最初的观众就是校园里的白杨和核桃树。

大学毕业时，为了未来事业的发展，欧阳夏丹和学校签订继续攻读研究生的协议，上海电视台在挑选毕业生资料时看上了夏丹，有人看中欧阳夏丹的综合素质执意要采用，也有人因她的外貌并非特别出众而想放弃。

后来，上海电视台还是录用了她。十几年之后，已经成为上海电视台当家花旦的她，生活自然是有了巨大改变——拥有一份人人羡慕的职业，堪称是事业、生活一帆风顺。就在此时，中央电视台突然向她发出了邀请。一方面是已经拥有的不小的成功和依靠几年辛苦打拼才积攒下的人脉与地位；一方面是一个全新的发展机会，但要面临着一切从零开始的挑战。经过慎重考虑之后，她还是毅然选择北上，在

竞争异常激烈的中央电视台开始了新的打拼。

2003年，中央电视台第二套经济频道在全国各频道“海选”主持人。欧阳夏丹踊跃报名。当年练就的扎实的基本功和多年坚持不懈的努力，成就了欧阳夏丹始终都是一位有准备的人。果然，幸运之神再一次“垂青”了她。试镜之后，欧阳夏丹成为入选者中的首选。

刚刚来到北京那会儿，是欧阳夏丹人生中最低落、最压抑的一段日子。她并不适应搭档的节奏，他们在一起碰稿子的时间又少，难免播音时出现一些小尴尬。因为压力过大，最初的几个月里，欧阳夏丹身体频出问题，她经常要到医院去挂点滴。但是，她坚持下来了。进台不到三年，她就获得了2005年度央视“十佳主持人”称号。

2011年欧阳夏丹入主《新闻联播》，成为新一代“国脸”。她总是说自己特别幸运，然而幸运从来都是光顾有准备的人。

女孩该懂得的道理

欧阳夏丹出身寒门，凭着自身努力，成为当年广西考区唯一考上中国传媒大学播音专业的人，为实现当一名主持人的梦想铺设了一条道路。成为地方台主持人之后，又在全国各频道“海选”中脱颖而出，最终入主《新闻联播》，这是她多年努力奋斗的回报。她的经历足以证明：女孩只要努力进取，坚持不懈，就会改变自己的命运。

新闻主播，通常指在电视台、电台或互联网等电子媒体上报道新闻的人，主要职能是播报新闻、新闻采访、节目主持及相关节目编辑等工作。成为一名新闻主播需要具有较高的文化素养，扎实的语言功底，较强的应变能力，以及对于事业有执著的追求和高度的敬业精神。

知识放大点

成长金点子

鲁迅的读书方法

做一个有出息的女孩。无论将来从事什么职业，人生第一步都是努力学习，取得优秀的成绩，以便在不远的将来进入大学深造。一路走来，不仅会让自己拥有更多的自信，而且能够使自己站立在较高的人生之峰。同样是读书，方法不同，收效往往就大不一样。著名思想家、作家鲁迅先生一生酷爱读书，手不释卷。他曾专门写了几本书和一些文章来介绍自己的读书方法。

（1）多翻法。鲁迅认为这种方法可以防止受某些坏书的影响和欺骗，还有开阔视野、启迪思路、增长知识等好处。

（2）跳读法。遇到暂时无法弄懂的问题要“跳过去，再向前进”，这样，读到后面就连前面的都看明白了。读书要“先易后难”，不钻牛角尖。书读过半，理解力就随之提高了，知识面也就扩大了，那么先前不懂的疑问就会迎刃而解了。

（3）设问法。鲁迅先生读书时爱向自己提出问题。他拿到一本

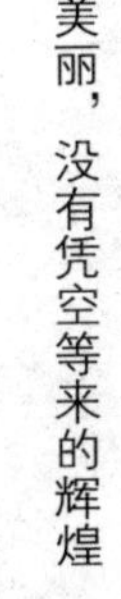

书，先大体了解一下书的内容，然后给自己提出一大堆问题。带着这些问题再去细读，效果就会更好。

（4）博览法。读书“须如蜜蜂一样，采集过许多花，这才能酿出蜜来，倘若叮在一起，所得就非常有限，就枯燥了”。鲁迅先生在精读时，主张博览群书。

（5）剪报法。鲁迅先生在治学中，非常重视资料的积累，剪报就是他积累的一种方法。鲁迅曾利用剪报写过不少犀利的杂文。剪报的确有益于学习与写作。鲁迅先生曾经说过：“无论什么事，如果继续收集资料，积之十年，总可成一学者。”

从奥运冠军到大学老师的华丽转身

☆★☆★☆

一提到奥运冠军，人们自然就会想到为国争光、万众瞩目的体育健将。她也是这样的一个人，但当奥运火炬熄灭后，她告别了明星般的追捧，卸掉了昔日冠军的光环，转身成为博士和大学教师，这一切蜕变足以令人钦佩，同时也是女孩励志的榜样。

她曾经连续夺得2008年、2012年奥运会女子跆拳道冠军，为国争光后家喻户晓。2016年她完成了里约奥运训练及比赛任务后，低调转身进入“象牙塔”，用自己的一技之长帮助大学生培养兴趣、强身健体。她就是吴静钰，如今是中国人民大学体育部的一名普通体育老师。

吴静钰出生在“瓷都”江西景德镇。她从12岁开始练跆拳道，凭借出色的身体素质和意志迅速崭露头角。在 2008 年的北京奥运会上，吴静钰夺得跆拳道女子 49 公斤级金牌，为中国队摘得第 45 金，也是中国跆拳道队第一个小级别奥运冠军。四年之后，她又在伦敦奥运会跆拳道女子 49 公斤级上卫冕成功。

在竞技体育比赛方面，吴静钰可以说已经是功成名就。但在她的内心里，有一个遗憾却始终存在，那就是没有经历过真正的大学生活。“由于我们国家队训练比赛任务很重，都是老师直接来队里给我们上课，可以说几乎没有体会过‘象牙塔’里的那种生活，这是一个很大的遗憾。”吴静钰说。特殊的成长经历使她对教师这份职业有着天生的亲切感。

机会很快来临。她所在的跆拳道中心和人大建立了优秀人才交流协议，吴静钰得以圆梦。2014 年，吴静钰成为人大的一名跆拳道教师，可惜只上了两次课她的教师生活便不得不告一段落。因为国家队为了备战里约奥运会向她发出了召唤，希望她能担任教练员和队员，吴静钰只好匆匆告别校园火速归队。“人走了，情结一直还在，所以里约奥运会一结束，我就申请重新回到人大，继续做我的老师。”她说。

吴静钰在人大校园授课时，没有严肃的说教和乏味的训练，她组织学生们先是玩起了“老鹰捉小鸡”的游戏，一时间训练场上奔跑不断，欢笑不断。“玩一玩，学生的关节、肌肉就都打开了，一会儿学习动作不容易受伤。”吴静钰就坐在一旁的器械上看着学生玩，笑容一直挂在她的脸上，学生们沉浸在运动的愉悦中。

刚给学生上课时，吴静钰也有不适应。学生毕竟不是运动员，没有基础，稍复杂的动作就学不会。小步跑、高抬腿、起始动作这些在吴静钰少年时代就已经完成的基础训练对于如今的大学生却并不容

易。“我请教其他老师，慢慢摸索教学方法，把动作一个个分解，耐心教。”她认真教，学生们也认真学，如今一学期近半，学生们横腿、前踢都会了。“太有成就感了，比自己拿名次还开心。”她说。

实际上，除了运动员和教师的双重身份，吴静钰还有第三重身份——目前她正在苏州大学攻读博士学位，因此经常需要赶去苏州上课。“对我来说，我并不需要去‘平衡’这三种身份，因为人生原本就需要扮演不同的角色。当老师是一个释放的过程，是把你的知识释放出去；当学生是一个吸收的过程，是吸收老师的东西。”吴静钰谦逊地说。

2016年，吴静钰在人民大学校内的明德书店里举行了新书《冬韵奥林匹克》的发布会。于是便有了自己的“奥林匹克三部曲”——《奔跑奥林匹克》《冬韵奥林匹克》以及在清华大学发布的《吴静钰之无影腿》。吴静钰自己写书是想和大家分享对于运动的理解。运动其实不是人生的附加品，而是生命不可缺少的部分，它可以帮助排解压力，激活代谢，同时运动也能提供挫折教育，培养团队合作精神。

女孩该懂得的道理

人们常说，体育健儿身上有一股不服输的劲头和敢于拼搏的精神。这种精神在吴静钰身上得到了充分的验证。一般来说，在奥运会上夺得一枚金牌实属不易，吴静钰在北京奥运会夺得金牌，四年后又一次站在了冠军的领奖台上，这意味着四年中，她一直保持良好的竞技状态，很多专业运动员不易做到的，吴静钰做到了！光环背后的付出是常人难以想象的。退役后，她没有躺在功劳簿上，而是去攻读博士，转身担任大学体育老师，这种不断进取的精神就是励志的榜样。

跆拳道，是一种主要使用手及脚进行格斗或对抗的运动项目，起源于朝鲜半岛，距今已有两千多年的历史。是从跆跟、花郎道演化而来的民间技击术，原来没有统一的名称。1955 年由韩国的崔泓熙将军正式命名为“跆拳道”，现为奥运正式比赛项目。跆拳道精神包括礼仪、廉耻、忍耐、克己、百折不屈。选手分为不同的等级，黑带是跆拳道高手的象征。

知识放大点

成长金点子

如何培养进取的精神

我们常说，人的潜力是无穷的。事实证明，只要保持积极进取精神，就能焕发出超越常人的活力。可以说，进取心是一个人生命中最奔腾、最神秘的力量。女孩能否在学业上取得成功，起决定性作用的往往不是她拥有多少知识，而是她有没有积极进取精神。做一个有出息的女孩，只有勇于攀登人生道路上的一个个高峰，才能为自己创造更多实现梦想的机会。女孩培养进取精神可以从以下几点做起：

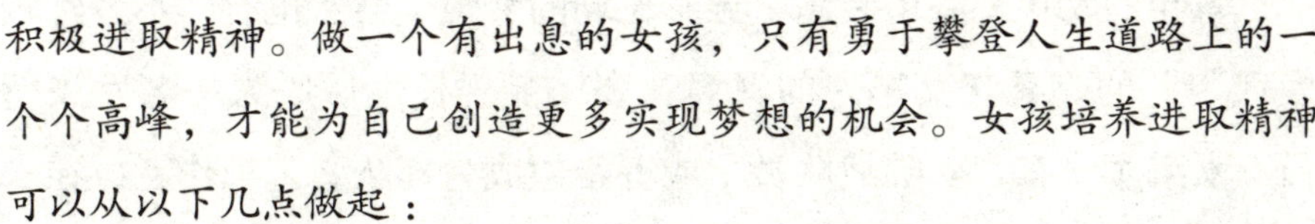

首先，培养超越自己的习惯。学习的过程就是不断进取的过程。在学习上，女孩要善于总结经验，不断制定新的目标，并制定出达成新目标的措施，形成不断超越自己的习惯。

其次，增强自身的竞争力。创新是一个人增强自身竞争力的有效途径。许多成功的例子证实，创新是成功的必备要素。女孩拥有进取精神，就应该不满足于固有的学习方法，养成大胆想象的习惯，遇到问题举一反三。在这个过程中，对问题的理解会越来越深，这样无形中就提升了自身竞争力。

再次，做最好的自己。一个人之所以能取得卓越的成就，关键在于在做某件事的时候，勇于进取，奋力拼搏，让自己树立必胜的信念，进而养成不达目的不罢休的坚强意志。

最后，大胆尝试，不怕失败。马克思曾说："通往成功的道路上，绝无坦途可走。"有人怕失败，因而不敢去尝试。其实，每一次的失败都是下一个成功的开始。做有出息的女孩应该明白，有很多成功之路是由无数次的尝试和失败铺就而成的。

高山上绽放的雪莲花

☆★☆★☆

童年的女孩，心中装满了五彩斑斓的梦想。当然也有"不爱红妆爱武装"的。喜欢女军人的飒爽英姿，梦想长大后成为一名女飞行员、女海军士官、女陆战队员；或者希望成为部队文艺工作者，在未来的军旅舞台上，绽放自己的美丽，激励广大官兵践行强军梦。

齐耳的短发，帅帅的军装，在绚丽的灯光下，跳动的音符中，时而轻盈时而矫健，尽情挥洒着对舞台的纯真热爱以诠释对军旅的深邃情怀……从艺十余载，戎装六春秋，身份变了，岗位变了，唯一不变的是对舞台的热爱，和一名军旅文艺工作者的责任担当。她叫高雪君，现为空军雷达某旅勤务分队俱乐部主任。

从小受当过兵的父亲耳濡目染，高雪君对军装情有独钟。也许是命中注定，6 年前的那个夏天，她与部队结下了不解之缘。当舞蹈学院的录取通知书和入伍征召令同一天来到她的面前时，尽管很喜欢舞蹈，但还是不顾家人的极力劝阻，高雪君毅然做出了出乎所有人意料的决定——参军入伍，决心在向往已久的军营，以青春的名义书写新世纪女兵亮丽的风采。

很快，高雪君如愿成为一名空军女兵，并且凭着扎实的舞蹈功底崭露头角，当上了文艺骨干，延续着自己的梦想。军营里大大小小的晚会演出，都能看到她的身影。

高雪君记忆最深刻的是从军第二年冬天，她随文艺小分队到海拔 1892 米的某高山雷达站慰问演出。刚一下车，冰天雪地的奇寒景象映入她的眼帘，看到雷达站官兵充满期待的眼神时，她才真正明白了自己作为一名军旅文艺工作者的价值所在。

就在这片皑皑白雪中，高雪君带动大家载歌载舞，把欢声笑语传递给每一名官兵。大家一起拍手、一起跳舞、一起歌唱，从他们那灿烂的笑脸和期待的眼神中，她看到了军旅文艺工作的生命力，看到了军营文化的力量。

演出结束后，战友们争相与演员们合影。指导员拉着高雪君的手，激动地说 :“演出太成功了！我从没看到这帮小伙子这么开心过。”也是从那一刻起，潜藏在高雪君心底的那份对艺术的追求和对人生的理解愈发清晰，那份把最美的青春献给军营舞台，把最好的节目带给基层官兵的志向愈发笃定。

高雪君深知，光有热情是无法实现梦想的，只有到更高的平台去

提高自我，增长见识，才更能弘扬军旅文艺的真谛。经过不懈努力，她如愿考入解放军艺术学院进行学习深造。两年的院校培养不仅让她的艺术功底更加扎实，更让她领悟到了军营文艺工作者的使命责任，认识到服务官兵，激励斗志的军营文艺宗旨。

2015 年 7 月，高雪君从解放军艺术学院毕业。带着院长的毕业寄语——忠诚、担当、实干、创新，开启了军旅生涯的另一段篇章。高雪君觉得，人生中的每一件事情，都必定是念念不忘之后的回响，只有认识到自己的平凡，才有机会创造出不平凡。

学成归来的那天，高雪君又一次站在了人生的十字路口。两年前，那高山之巅、白雪之间的一张张的笑脸，让她彻夜难眠。最终，她放弃了留在条件优越、环境熟悉的部队机关，来到了基层雷达部队，来到了那片天线飞转、油机轰鸣的阵地，那片梦开始的地方。不少人对高雪君的选择表示不解，她总是会心一笑，因为她知道，艺术只有在艰苦的地方才更有生命力，就像绽放在高山上的雪莲花——纵是傲霜斗雪，方显挺立芬芳。

当高雪君怀着兴奋激动的心情走进新单位，以为梦想将要盛放的时候，部门负责人告诉她："你可能要适当调整自己的身份，从一名在舞台上演出的演员，转为带动基层官兵，挖掘基层文艺人才的文化工作组织者，更多的是从台前干到幕后……"这让高雪君顿感失落与彷徨！高雪君经过一番冷静地思考，逐渐领悟了领导对她的期望，随之慢慢适应着眼前的一切。

工作的转变意味着一切从头开始。她深知：笨鸟先飞，天道酬勤。只有脚踏实地，才能圆满完成新的任务。一场电影，一次教育，她深知责任重大；一首歌曲，一段舞蹈，她深知影响深远；一次策划，一次组织，她深知举足轻重；一场晚会，一场比赛，她深知意义非凡。作为一名年青的教歌员、放映员、播音员、创作员……哪里需要哪里就有她的身影，哪里就有她绽放的美丽！

高雪君用热情和责任履行了军人的使命，她用青春和勤奋谱写了人生的精彩华章，她用努力和行动实现了当初的梦想！

女孩该懂得的道理

部队是火热的“大熔炉”。许多女孩心有向往，渴望开始一段充满激情的军旅生涯，实现自己的人生梦想，在祖国边疆绽放自己的光彩，履行个人对国家应尽的义务。每一位想进入部队的女孩，不仅要有健康的体魄、坚定的意志，还需要遵守铁的纪律；若想成为一名部队文艺工作者，还需要具备一定的文艺专业技能。

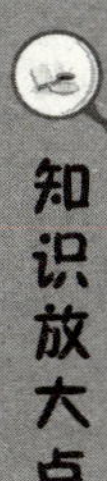

雷达，是英文Radar的音译，源于radio detection and ranging的缩写，意思为“无线电探测和测距”，即用无线电的方法发现目标并测定它们的空间位置。亦被称作“无线电定位”。雷达发射电磁波对目标进行照射并接收其回波，由此获得目标至电磁波发射点的距离、距离变化率（径向速度）、方位、高度等信息。因而，雷达技术在军事上具有重要用途。

做最好的自己

俗话说，红花还要绿叶衬，否则就显不出红花的艳丽夺目。任何一个花园里都不可能只有红花而没有绿叶和小草，那是违背自然界万物和谐相生规律的。

在童话里，每一个少女都梦想成为公主；在舞台上，每一个演员都渴望成为主角。可在现实生活中，不可能每一个女孩都能成为公主。我们想时时争第一，处处成为人们关注的焦点，是不切实际的。尤其是在军营里，任务就是职责，需要就是岗位。不论官职大小，一切行动都必须听从上级的指挥，不可任由自己挑选和推诿。

所以，做有出息的女孩，从小要摆正心态，培养团队合作意识，学会同他人合作与公平竞争，不论做大事小事都应该尽心尽力，发挥自己的聪明才智，这样才可能实现自己的人生梦想。

第四章

习惯是日积月累的结果，让优秀成为自己的习惯

好习惯是幸福人生的基石。美国哲学家本杰明·富兰克林说过："一个人一旦有了好习惯，它带给他的收益将是巨大的，而且是超出想象的。"在青葱岁月的女孩，有可能在不良习惯中碌碌无为、虚度光阴；也可能在好习惯的滋养中提升自我、成就未来。做个有出息的女孩就要努力养成良好习惯，为创造美好未来铺平道路。

先把桌子擦干净

☆★☆★☆

习惯决定成就。习惯往往起源于看似不经意的小事，却蕴含了足以改变自我命运的巨大能量。一个懂事的孩子并不见得就比一般的孩子聪明，只不过是习惯让他们变得更有教养、更有知识、更有能力。

小菲天性聪明，活泼好动，但做什么事情常常没有耐性。爸爸妈妈商量让小菲学画画，这样既可以培养女儿的耐心和注意力，又可以提升她的艺术素养，而且通过动手还可以让女儿变得心灵手巧。

没过几天，小菲竟然真的迷上了画画。每天放学写完作业后，她都会安安静静地画画，不再乱跑了。看到女儿的变化，爸爸妈妈感到非常高兴。可是，小菲的爸爸妈妈发现，小菲只管画，从不知道收拾，每次画完画后，桌上、沙发上到处都是她的一张张“杰作”，家里被她弄得乱七八糟。

妈妈对小菲说：“你喜欢画画，画得也不错，但你从来不珍惜自己的画作，一画完就乱丢乱放，这可不是好习惯。”

小菲说：“我在潜心练习绘画，将来要成为一名大画家，哪里有闲心收拾屋子呢？”

看到女儿满不在乎的样子，爸爸给小菲讲述了一个故事：

若兰是美国一位女企业家。她小的时候家庭生活条件极差，十几岁的她决定一边打工一边上学。她来到一家快餐店打工，老板看她个子小又是新手，就为她安排了一个专门擦桌子的活计。心高气傲的若兰觉得这个工作毫无出息，干了一天就溜回了家。

若兰将自己打工的遭遇告诉了父亲，说道："我的理想是做老板，不是擦桌子。"父亲耐心地听完后，并没有反驳她，而是让她先把自己家的餐桌擦干净。若兰随便拿来一条脏毛巾，然后在桌子上擦了擦，等待父亲来验收。父亲拿来一块白毛巾，在桌面上轻轻一擦，就看到白毛巾上有污渍。父亲指着桌子说："擦桌子是简单的活儿，可是你连桌子都擦不干净，还能做好什么，凭什么做老板呢？"

听了父亲的话，若兰感到羞愧。她再次回到了那家快餐店，她改变了工作态度，并将父亲的教诲铭记于心。每次擦桌子时，她都要准备5条毛巾，按照同一个方向依次擦5遍，这样毛巾就不会重复污染桌面，桌面自然就被擦得干干净净了。

有努力就会有回报，若兰得到了老板的赏识，也积累了宝贵的人生经验。此后，若兰卖过咖啡豆，弹过钢琴，做过业务员和推销员，直到五十多岁时，她创建了世界上庞大的快餐王国。当人们向若兰讨教成功秘诀时，她总会想起父亲的教诲，无限自豪地说："因为我有一个伟大的父亲，他教会了我怎样才能把桌子擦得最干净。"

听了这个故事，小菲不再固执己见。此后的几天，妈妈悄悄观察着小菲。发现小菲有了明显改变。她开始学着整理学习用品，知道把散乱的画纸用文件袋装好，将已经画好的作品用长尾夹收集在一起，同时，她还开始整理自己的书桌，仔细地做着每一件事。良好的习惯慢慢地改变了小菲，她在学业上的进步更加显著。后来，她的兴趣爱好转向探究科学的奥秘，最终成为了著名的科学家。

一个连桌子都擦不干净的女孩，还能做成什么大事呢？答案显而易见。做一个有出息的女孩，从小就要养成随手整理、做事有条理的好习惯，自己的事自己做，不会的事情学着做，多动手、多锻炼，以便为成就梦想打好基础。

知识放大点

推销员，是推销商品的职业人士，主要是速销产品及服务等。如基金经理、保险经纪、地产代理、化妆品美容顾问等。推销员从寻找顾客开始，直至达成交易获取定单，不仅要周密计划，细致安排，而且要与顾客进行心理沟通，需要具备较高的交流技巧。

成长金点子

养成做好小事的习惯

东汉时期，有一个名叫陈蕃的少年，自命不凡，一心只想干大事业。有一天，他父亲的朋友薛勤来访，看到陈蕃独居的院内脏乱不堪，便问他为何不打扫干净来迎接宾客。陈蕃回答说：“大丈夫要以修身平天下为己任，怎么能在意打扫一间小屋呢？”薛勤当即反驳说：“一屋不扫，何以扫天下？”陈蕃无言以对。

现实中，有的女孩怀揣梦想，希望长大后有所建树，成名成家。当然，有梦想是值得称赞的，梦想能激励女孩努力学习，奋发有为。但是，做一个有出息的女孩就要养成“大处着眼、小处着手”的习惯。从小事做起，打好基础，一步一个脚印，这样才能实现梦想。在现实生活中，我们发现，许多有良好习惯的女孩，自己的房间利利索索，穿戴的服饰干干净净，文具摆放得整整齐齐，如看完的书放回书架，同一类别的图书放在一起，用完文具随手归位等，以保持整洁。如果生活在这样的环境中，就会心情舒畅，学习效率也会更高。

反之，一个不愿扫屋的女孩，这样的小事都做不好，如同一座没有打好地基的建筑一样，华而不实，经不起风雨的袭击，更别说经受地震的考验了。当她着手办一件大事时，因为缺乏做小事的锻炼和积累，往往意识不到一些基本的环节和步骤，结果导致手足无措甚至屡屡出错，在这种情况下，何谈实现人生梦想呢？

别让拖延成为“绊脚石”

☆★☆★☆

在现实生活中，有的女孩想做这样的事又想做那样的事，一旦做起事来，拖拖拉拉，磨磨蹭蹭，总是不能按时完成。如果养成了这种拖延的习惯，即使再完美的计划也不可能实施，梦想就永远不可能实现。

汪豫和杨帆都是小学六年级女生，她们住在同一个镇上，经常一起上学，放学后一起回家，有时还在一起写作业。

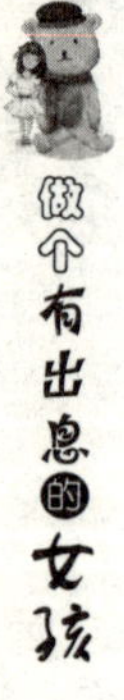

有一天，她们在树阴下一起谈论各自的理想。汪豫说："我将来要当一名建筑工程师，为家乡设计出漂亮的房屋，让所有的孩子都能在宽敞、明亮的教室里上课。"杨帆说："我将来要做一名数学家，像陈景润那样破解世界上最难的数学题。"

汪豫是一个爱磨蹭的女孩，做事总是拖拖拉拉。每次妈妈催促她快一些，她总是会用"知道了"来应付，实际做起事来还是不紧不慢的。有一次周末，汪豫在网上找一篇读后感的素材，预计不用半小时就可以找到，但她在网上浏览，没有完全将精力集中在查找资料上，一会儿看看这里，一会儿又看看那里，直到吃午饭的时候，妈妈叫她快点过去吃饭。她说："我要先找资料，找完再吃。"妈妈无奈地问："你上网已经两个多小时了，怎么找一篇资料需要花费这么长时间？"妈妈说完，出门办事去了。

妈妈走了之后，汪豫又花了一个多小时才找到合适的资料。她感觉肚子饿了，决定先吃饭，再写老师布置的作文。她从冰箱里取出妈妈留的饭菜，然后打开微波炉热饭，热好后她把饭菜放在饭桌上，又看起了电视剧……时间就这样在她的磨蹭中一点点流逝了。到了晚上，汪豫的作文只是写了个开头。妈妈问她作文写完了没有，汪豫支支吾吾，心里感到特别后悔。

第二天，她和杨帆相约上午9点一起做数学作业。杨帆如约来到汪豫家里。可是到了10点钟，汪豫还没有起床。杨帆叫她起来写作业，汪豫却懒洋洋地说："昨天晚上看动画片看得太晚了，休息得晚，早上实在起不来了。"很快，杨帆已经独自做完作业了，这时的汪豫还在吃早点。

过了一周，杨帆按照事先约好的时间又来到汪豫家里，汪豫还是在睡觉，她又找借口，说："昨晚玩电脑游戏睡晚了，现在还没有睡醒呢。”等到杨帆做完作业了，汪豫才起床洗漱。

很快，假期就这么过去了。杨帆假期作业做得好受到了老师的表扬，当上了班级的学习委员。汪豫因为不按时完成作业、作业写得不认真受到了老师的批评。

转眼几年过去了。杨帆在高考中取得优秀成绩，兴高采烈地迈进了大学大门。而汪豫在高考中名落孙山，正为自己的未来而焦虑。醒悟后的汪豫在自己的房间内贴上了一张纸，上面写着四个大字——绝不磨蹭，而且，每天她都要将这四个字读一遍，最终改掉了拖延的坏习惯。

女孩该懂得的道理

拖延时间指的是本来一件事情可以在预定时间内完成，可是你却因为某些原因而完成得很慢，结果超过了预定时间。微软前总裁比尔·盖茨说："做事磨蹭、拖拉的人，根本没有明确的目标和清晰的时间观念。这样的人就好像在汪洋中随波逐流的小船，根本不可能到岸。"做有出息的女孩，就必须改掉拖拉的习惯。

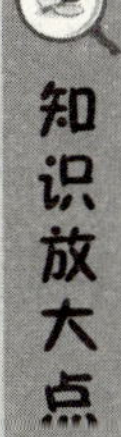

建筑工程师，是依法取得执业资格证书，并从事建筑设计工作的专业人员。从事的主要工作包括：民用与工业房屋设计、室内外环境设计、建筑装饰装修设计等。建筑工程师职业资格共分助理建筑工程师、建筑工程师、高级建筑工程师，报考的条件需要大专以上或同等学历并有相关实践经验。

成长金点子

如何改掉拖延的习惯

美国心理学家约瑟夫·法拉利研究过做事拖拉的问题，他认为拖拉常发生的地方是学校，不少学生总喜欢熬到要交作业的前夕才动笔，其实这样做极大地降低了学习效率。

拖延的习惯必然会浪费一个人的宝贵时间，人的精力也会在不知不觉中挥霍殆尽。虽然有拖延习惯的人可能感觉自己一直在忙碌，但是却没有效率。在如今充满竞争的时代，同等条件下，一个人如果效率低于其他人，就意味着失去了所有美好的机会。

若想成为有出息的女孩，就应该有时间观念，并讲究效率，不要以为拖拉只是个“小毛病”，忽视拖延所产生的严重后果。如果女孩有拖拉的习惯，不妨采用与自己比赛的方式改掉这一习惯。首先将自己拖延的表现列出来，然后每天记录做某件事的最初时间、完成时间，定期总结。

此外，必须要学会管理自己的时间。对一天的时间进行科学合理的规划，还可以将每个时间段进一步细化成小时或者分钟，确保让每一分钟都得到有效的利用。万一不能完成或者没达到预期目标，就要按照规定“处罚”自己，绝不能任由这种习惯滋生发展。这样规划可以帮助你更好地管控时间，有效地将时间和精力进行均衡地分配，长此以往，做事的效率便能得到大幅度的提高。

做事不能没有头绪

☆★☆★☆

每一个人的时间都是有限的，想要科学地利用时间，提高学习效率，就要学会合理安排，分清轻重缓急，养成井然有序的习惯。这样，学习的效率自然就会提高，否则就会事倍功半。

星期六的早晨，小芳对妈妈说："我今天要把作业做完，明天周日玩个痛快。"妈妈说："好吧，我和你爸爸要去超市买礼物，中午拜访一位同事，下午看望一位阿姨，你就自己在家好好写作业吧。"

爸爸妈妈出门后，小芳翻开作业本。刚写了一小会儿，她到客厅拿来零食，一边吃零食一边写作业，作业没写多少，又到了她看动画片的时间。她打开电视，不知不觉地看完了两集，又到了吃午饭的时间。午饭后，小芳感觉有点困，想在沙发上躺一会儿，等她从梦乡里醒过来已经是下午五点了。小芳这才急忙拿起钢笔快速地开始写作业。她还没写完，妈妈就喊她吃晚饭了。晚饭后，她与邻居的小女孩在外面玩耍了一会儿，天黑回家洗澡后又该睡觉了。小芳的星期六就这么一晃就过去了。

妈妈看到小芳在家里忙了一天却没有完成作业，于是向小芳谈起了自己的一段往事：

小芳的妈妈曾是一家设计公司的总经理，员工在公司遇见她，她

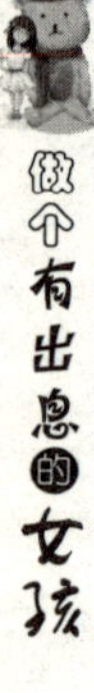

都是一种要事缠身的样子。同事想同她谈事，她也只能抽出几分钟。她也经常为扩大公司业务加班加点，很少有空闲时间整理、落实工作计划。

她的好友李越也经营一个设计公司，却不像小芳的妈妈那样忙碌。同事和李越商谈业务，她总是思路清晰。她领导下的员工都在有条不紊地各自工作。她每天早晨都要整理自己的办公桌，对于重要的文件立即回复，一切显得井井有条。

后来，小芳妈妈的公司逐渐到了濒临倒闭的边缘。她痛苦地反思："我也没有偷懒，对客户满腔热情，为什么经营不善呢？"

有一天，小芳妈妈向好友诉说心中的苦恼。李越劝她说："也许没有你想象的那样糟糕，凭借公司的实力完全可以从头再来。"

"让我从头做起？"小芳妈妈有些疑惑。

"没错！你该好好清算公司的资产，理出头绪来，然后再寻找对策。"

"我以前也是这么想的，可是我太忙了，没有时间做这些。"

"现在你需要做的就是按计划办事。"李越告诉她。

"我现在就制定计划。"小芳妈妈似乎看到了希望。

通过清查公司资产，结果发现，公司的经营状况确实不是小芳妈妈原先想象的那么糟。随后，她将公司的管理制度化，每月的经营管理按计划落实。一年后，公司扭亏为盈！

通过自身的经历，妈妈言传身教："做事不能杂乱无章，什么事情能做，什么事情不能做，什么事情要先做，什么事情后做，应该心里有数。否则即使忙乱也没有效率。"

小芳点了点头，她明白了制定计划的重要性，什么时间学习，什么时间娱乐，都要合理安排。学习的时候专心地学，玩的时候痛快地玩，这样才能做到学习和休息两不耽误。此后，在妈妈的指导下，小芳学会了制定时间表，同时为自己设置了“奖罚措施”。经过一段时间的努力，小芳在学习和生活中不再显得杂乱了，学习的效率也有了显著提高，学习成绩更是突飞猛进。

女孩该懂得的道理

有些女孩自制力不强，学习上没有计划，做事没有头绪，尤其是在周六日和暑假寒假期间，一天天在忙乱的状态中度过，却没有什么效果。究其原因，就是因为没有养成有条理的习惯。做一个有出息的女孩，要强化按时完成任务的信念，学会制订计划，对自己要做的事情有时间安排、有实施步骤、有具体措施，逐渐养成有条不紊的习惯。

知识放大点

公司资产，也叫企业资产，是指企业拥有或控制的能以货币计量的经济资源。包括各种财产、债权和其他权利。根据不同标准，企业资产有多种不同的分类。如根据流动性，可以将资产分为流动资产和非流动资产。

怎样养成有条理的习惯

首先，制定有序的计划。制定计划的好处是知道自己要干什么，知道自己到底该怎么干，以及应该干到什么程度，这样在执行的时候便能够雷厉风行，减少对时间的浪费。这就需要对事情进行分类，把要做的事情分成急切、重要、次要，按照主次有序的原则写在本上，达到最好的提醒效果。

其次，合理安排时间。把每天起床、睡觉、做游戏、看动画片、学习及家务劳动的时间固定下来。什么时候该做什么，花多长时间做，剩余的时间做什么，未能完成的工作什么时候做。只要合理安排好时间，就能提高学习效率，按时完成作业，并顺利地完成其他计划。

再次，锻炼独立能力。有些计划中的事情，做起来并不是很顺利。但是，仔细分析其实也不难，并不是做不来。一些女生因为有依赖思想以至于失去了锻炼的机会。因此，不要事事依靠父母，自己的事情自己做，像整理自己的书包、床铺等，慢慢从不会到会，从乱无头绪到井然有序，这是一个动手锻炼的过程。做有出息的女孩，就要有意识地提高独立解决问题的能力，不能遇到一点挫折，就去寻找父母的帮助。

最后，事后及时检查。计划的事情，要及时检查完成情况，对于未按计划完成的事项，要寻找原因，并找到落实的措施。如果能够养成事后检查的习惯，那么就可以弥补因为粗心造成的疏漏，进而养成做事有计划有条理的习惯。

粗心·是成功的大敌

☆★☆★☆

小事成就大事，细节成就完美。只要我们把每一件简单的事做好就是不简单；只要我们把每一件平凡的事做好就是不平凡。大量事实证明，平凡之人往往在渺小微细的地方表现出不平凡。

小花是一个漂亮的女孩，她的绰号叫“马虎小姐”，不用说都明白她有什么缺点了。从小学到初中，经常是丢三落四。

有一次数学考试，老师发了考卷，小花看后感觉胸有成竹，很快答完试卷交给了老师，心想着得100分没问题。当老师把试卷发下来时，小花发现丢了20分。原来她点错了一个小数点。回到家，爸爸没有批评她，但给她讲了一个故事：

1967年8月23日，苏联的“联盟一号”宇宙飞船突发恶性事故。宇宙飞船两个小时后将要坠毁，观众目睹了宇航员殉难实况。在电视屏幕上，宇航员科马洛夫面带微笑地对母亲说：“妈妈，您的图像我在这里看得非常清楚，包括您头上的每根白发，您能看清我吗？”

“我能看清楚。孩子，妈妈一切都很好，你放心吧！”这时，科马洛夫12岁的女儿也出现在电视屏幕上。

“爸爸！我的好爸爸！”女儿已泣不成声。

科马洛夫说："宝贝，你不要哭！"

"我不哭，爸爸。你是苏联英雄。我只想告诉你，英雄的女儿，是会像英雄那样生活的！"

科马洛夫又一次落泪了："可是我要告诉你，也告诉全国的小朋友，请你们学习时，认真对待每一个小数点，每一个标点符号。'联盟一号'今天发生的一切，就因为地面检查时，忽略了一个小数点，这场悲剧可以叫做对一个小数点的疏忽。同学们记住它吧！"

离爆炸还有7分钟。科马洛夫毅然和女儿挥挥手，面向全国的电视观众："同胞们，请允许我在这茫茫太空中与你们告别，再见了！"

听到这里，小花不由得低下了头，脸上火辣辣的。她决心一定向粗心说"再见"，做一个认真细致的女孩。此后，小花真的再没有发生类似的失误。

“联盟一号”宇宙飞船事件警示人们：一个小疏忽就会酿成惨重的灾难，让人付出无法弥补的代价。因此，有梦想的女孩、想有出息的女孩，一定要改变心浮气躁、浅尝辄止的毛病，养成做事细心的习惯。

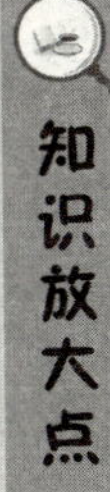

科马洛夫，苏联宇航员，生于1927年，曾多次进入太空执行飞行任务。1967年，他受命执行“联盟一号”宇宙飞船任务，在乘飞船返回大气层后，因降落伞发生故障致使飞船坠毁，科马洛夫不幸遇难，被追授“苏联英雄”称号。他是第一位为航天殉难的宇航员。

成长金点子

如何养成细心的习惯

第一，要养成认真检查的习惯。比如每次做完作业，必须从头到尾检查一遍。只有从源头上训练自己的注意力，才会减少出错的几率。

第二，养成处处留心的习惯。纵观古今，凡是有成就的文学家、发明家和科学家，无不是靠处处留心而获得独家灼见，萌发创新的理念。在生活中，你只要留心观察，也能从一些细小的地方和平常的事情中获得

知识。

第三，养成做事周密的习惯。不管做什么事，应有一个周密的计划，先做什么、后做什么、事前做哪些准备、如何开始等。以克服做事马虎、丢三落四的毛病。

第四，养成专注的习惯。法国生物学家乔治·居维叶说过：“天才，首先是专注力。”这是打开心灵门户的钥匙。门开得越大，我们学到的东西就越多。一旦注意力涣散或无法集中，心灵的门户关闭了，一切有用的知识信息都无法进入。

第五，养成不放过小事的习惯。做有出息的女孩，必须从简单的事情做起，从细微之处入手。实践证明，一心渴望伟大、盲目追求伟大，伟大就会了无踪影；甘于平淡，认真做好每个细节，伟大就会不期而至。

让思考成为习惯

☆★☆★☆

我们平常在学习中遇到问题，总会想一想，这种“想”，就是思维。学习的过程归根到底就是思考的过程。只有勤于动脑，才能理解和掌握知识。养成了善于思考的习惯，思维能力就会逐步提高。

杰妮小时候，有一次，回到居住在乡村的外祖父家里度假。她外祖父的房屋后面有一个花园，连接着一大片树林。这里虽然不能和广阔的原野相提并论，但也算是接近大自然了。

在这次度假期间，杰妮把大部分业余时间都花在花园里，她尝试观察自然界的一草一木，在本子上详细记下花园里的每一种植物的名称及其生长情况，例如：什么时候发芽了，什么时候开花了，什么时候凋谢了等。

除了观察植物之外，杰妮还仔细观察爬行缓慢的蜗牛、搬运食物的蚂蚁、飞来飞去的蜜蜂、翩翩起舞的蝴蝶等各种小动物。在这里，杰妮逐渐对大自然产生了浓厚的兴趣，她决定要努力探索大自然正在发生的一切。

回到学校之后，杰妮开始依靠书籍来解决她想知道的一切，于是制订了一个学习计划，自己努力去寻找答案。在这个过程中，杰妮经常提出一些新奇的看法，虽然老师表扬杰妮的钻研精神，但许多同学却认为她是个“怪人”，几乎没有人愿意听她讲话。好在杰妮的父亲一直是女儿唯一的“忠实听众”，他总是耐心地听取杰妮的想法，对于女儿不拘一格的独特想象力与创新思维，父亲给予细心的呵护，每次听完女儿的新想法，父亲都会给予肯定和鼓励。

父亲的赞许给了杰妮极大的信心，使她无论做什么，都试图用自己的新观点去做。每当杰妮头脑里冒出什么新想法时，她首先想到的是要告诉父亲。在小杰妮看来，父亲的赞许便是对她的肯定。

在父亲的鼓励下，杰妮保持了自己的独立见解和大胆的质疑精神。这对于每一个想有所创新的科学家来说，无疑是必不可少的基本素质。也就是在这时候，奠定了杰妮未来在进行科学研究时，敢于游离于科学界主流以外，勇敢地坚持当时绝大多数人不理解的研究课题的基础。

经过多年努力，1995 年，杰妮获得了诺贝尔生理学及医学奖，成为德国著名的科学家。她还有另外一个名字——克莉斯蒂安·福尔哈德。

女孩该懂得的道理

牛顿被树上落下的苹果砸到，发现了万有引力；瓦特被沸腾的开水吸引，发明了蒸汽机。这些不是偶然的事件，他们是在偶然间发现了真理，成就了伟大的事业。做有出息的女孩，必须养成善于思考的习惯。学习和生活中的许多看似平常的地方，说不定就有人们未发现的真理存在。正如一位名人说的“即使是玩笑，只要你留心思考，也可能有触发你灵感的东西。”

知识放大点

诺贝尔生理学或医学奖，是根据已故的瑞典化学家阿尔弗雷德·诺贝尔的遗嘱而设立的，目的在于表彰前一年在生理学或医学界做出卓越发现者。诺贝尔生理学或医学奖奖章图案是拿着一本打开书的医学之神，正在从岩石中收集泉水，为生病的少女解渴。奖章上刻有一句拉丁文：新的发现使生命更美好。

成长金点子

培养思考习惯的方法

第一，善于从不同的角度看问题。同一种事物从不同的角度看，往往会得出不同的结论。有时人们只看到了事物的一面，导致结论一错再错。正如“当局者迷，旁观者清”，转换角度之后就会让自己理性地思考，问题往往就会豁然开朗。因此，换一个角度看问题，会让人看清了事物的本质，全面认识事物，并在角度变换中有新的收获。

第二，保持冷静客观的态度。遇到任何事情都不要盲目下结论，要多看一看事物发展的情况，多想一想有什么解决问题的方法，而且要寻找有效而适宜的方法。做任何事情都要多想一想，那么即使出现意外的状况，你也不会惊慌失措、束手无策。

第三，敢于打破常规。生活中，许多女孩在学习上缺乏创新意识，以致限制了自己的思维能力。事实证明，因循守旧、墨守成规的人，是难以在学术上有所建树的，这类人在开创人生发展的道路上，往往也是缩手缩脚，始终没有突破性的进展。因此，做一个有出息的女孩，必须养成敢于质疑现有方法的习惯，遇到问题不要指望通过书本或者网络寻找现成的答案。

第四，敢于提出创造性的见解。有的女孩智商较高，却没有任何创造性表现，终生平庸，自然难以实现人生梦想。这是因为创造力的发挥除了要求有正常的智力水平外，还必须具有创造性见解、创造性的思考。

作业写完了，
一定要细心
检查一遍。

第五章

不怕每天迈出一小步，只怕在原点停滞不前

做一个有出息的女孩，不仅要有梦想，而且要有行动。如果没有行动，制定的目标就是纸上谈兵，梦想就像挂在墙上的画作，永远都不可能成为现实。在生活中，有的女孩因为遇到困难或挫折经常变换自己的理想或目标，始终迈不出实现梦想的步伐，这个问题是需要克服的。

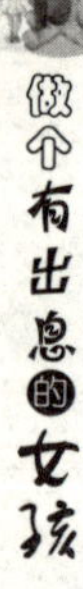

构想原子核结构的模型

☆★☆★☆

每个人在成长的过程中都会遇到一些意想不到的困难，也许心里产生过畏缩的念头，其实当你遇到困难时，勇敢地向前迈出一步，就会把困难踩到脚下。

玛丽亚·戈佩特·迈耶从小患有原因不明的头痛病，这使她自幼便饱尝了病痛的折磨。按照常理来说，像她这样体弱多病的女孩应该好好调养，可是，玛丽亚的父亲是一位儿科医生戈佩特教授，他觉得孩子的病一部分是真实存在的，另一部分是大人影响的结果。同样的一种病，出现在孩子身上本来不严重，如果大人惊慌失措或者情绪低落，这些负面效应就会直接影响孩子，让他们觉得自己病得很厉害，无形之中背上了心理包袱，这远比疾病所产生的生理上的危害更为严重。

戈佩特对独生女儿玛利丽亚寄予了厚望，他希望女儿能成为戈佩特家族第七代教授。因此，他对女儿经常挂在嘴边的一句话是："不要仅仅满足于做一个女人。"他一有空闲就带着玛丽亚散步、旅游，与女儿一起观察宇宙，谈论自然界中一些现象，并不失时机地启发女儿留心观察身边事物的特点与变化。戈佩特医生没有把女儿当作病人看待，玛丽亚渐渐地觉得自己不是病人了。

随着年龄的增长，在玛丽亚心中，她要当戈佩特家族第七代教授的想法越来越清晰，并逐渐成为她心中的梦想。

面对德国旧时代对女性的层层阻碍和压迫，她敢于突破限制，勤奋学习，学完了考试所要求的课程，最后以优异的成绩考取了哥廷根大学。进入大学后，学习的条件再也不受任何限制了，这让玛丽亚能够更加自由地阅读她感兴趣的图书，而且进一步激发了探究科学的信念。在此期间，玛丽亚有幸接触到数学、物理和化学等领域里的众多专家学者，其中不乏诺贝尔奖得主，如玻恩、弗兰克等知名教授，这不仅使玛丽亚开阔了视野，拓宽了知识面，更为她此后的探索精神起了促进作用。

20 世纪 30 年代初，玛丽亚获得博士学位后，她与年轻的物理化学家约瑟夫·迈耶结婚，

而后与丈夫一起前往美国，在霍普金斯大学工作。后来，迈耶夫妇全家迁到了纽约，并转入哥伦比亚大学。1941 年底，迈耶夫人获得了来到美国后的第一个正式教职，在纽约州布朗克斯维尔的萨拉·劳伦斯学院讲授数学和物理学。

此后，玛丽亚·戈佩特·迈耶先在哥伦比亚大学从事有关代用合金材料的研究工作，后来又在芝加哥大学一个新成立的核研究所任职。几年后，她应新成立的美国阿尔贡国立实验室的聘请，到那里从事核物理研究，就把研究的重点从化学、物理方面转移到核物理学上来。虽然核物理是一门新学科，但她以坚韧的意志和锲而不舍的钻研精神，很快熟悉和掌握了这一新兴学科的专业知识。正是在这里，她创立了原子核壳层理论的概念。

1948 年，玛丽亚·戈佩特·迈耶于独自提出了原子核结构的壳层模型，成功地解释了原子核的一大理论问题，因此获得 1963 年诺贝尔物理学奖，真正实现了戈佩特家族中第七代教授的梦想，也成为女性励志的榜样。

女孩该懂得的道理

为了追梦而努力，可以激发一个人潜在的智慧。梦想不仅需要落实在行动上，还需要经年累月的付出，甚至经历各种困难和挫折，光有梦想而不能为之坚持不懈地努力，是不可能实现梦想的。

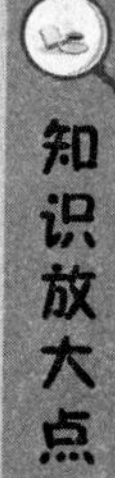

知识放大点

原子，是指化学反应不可再分的基本微粒，原子在化学反应中不可分割，但在物理状态中可以分割。原子由原子核和绕核运动的电子组成。原子构成一般物质的最小单位，称为元素。已知的元素有119种。

成长金点子

培养探索精神

随着历史的发展，科学探索已经衍生出了一种精神，引领人类不断地进步和发展。哥白尼因为不断探索，最终提出了有划时代意义的“日心说”；爱迪生因为不断探索，最终成为一位拥有一千多项发明的发明大王。

女孩作为国家未来建设者中的一员，也应该坚定信念，用自己的实际行动体现科学探索精神。那么，在学习和生活中，应该从哪些方面去培养探索精神呢？

首先，多读一些科普知识，增加对探索未解之谜的兴趣。

其次，积极参加一些科普活动，如参观科普展览、讲座、科技竞赛等。

再次，遇到难题不要退缩。学习上遇到困难要多动脑思考，并主动向老师和其他同学请教，进而使问题得以解决。

最后，参加野外科学探险活动。在实践中锻炼自己的意志和毅力，逐渐使自己的兴趣和品质内化为探索精神。

大胆迈开追梦的第一步

☆★☆★☆

现实中，有的女孩出名较早，但却因为没有继续努力而落得个昙花一现的结果，这样的例子比比皆是；也有的女孩没有被一时成名而困扰，保持清醒的头脑，抛开已有的功名，继续努力，不断超越自己，最终实现了人生梦想。

张艺谋是我国著名电影导演，有的女影星因为出演张艺谋的电影而一举成名，在娱乐圈被称为“谋女郎”。

很多人以为，只要成为“谋女郎”，那就等于在娱乐圈成功了一半。但是，有一位“谋女郎”，从进入电影演艺界开始便饱受争议，甚至被无数人吐槽是“最丑谋女郎”，但是机会总是给有准备的人。时隔多年再出现的她，却有着不一样的风采，这个人就是魏敏芝。

早在 1999 年，魏敏芝因主演电影《一个都不能少》而一夜成名。她在这部电影里面扮演同名女主角，很多观众被这部电影感动了，并

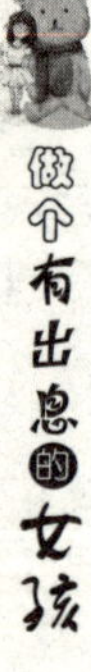

对这个小女孩印象深刻。她并不是专业演员出身，但正是那种不加修饰、清新自然的演技打动了无数人的心。这部电影获得了威尼斯电影节“金狮奖”、大众电影“百花奖”、中国电影“华表奖”等众多奖项。

魏敏芝主演《一个都不能少》的时候，年仅 13 岁，当时是河北一所山村小学的女学生。

魏敏芝出名后，社会上向她抛来了鲜花和掌声，得到了一个难得的机会——从农村走出来的机会，可以让她拥有更好的学习环境，去追寻自己的梦想。此时，魏敏芝并没有浮躁，知道自己尚没有继续留在娱乐圈的技能，就听从张艺谋导演的话，重新回到学校读书。她像当初没有出名前一样，每天上课、写作业，完成了从初中到高中阶段的课程，高中毕业后考取了西安外国语大学的影视编导专业，开始系统地学习影视导演的基本理论知识。

之后，魏敏芝有幸获得了美国交换生的机会。在美国留学期间，她接触到了西方国家的专业编导知识，视野便更宽了，让她离自己的导演梦又进了一步。

毕业后，魏敏芝回到家乡拍摄根据自己故事改编的纪录片《奇迹的女儿》，并陆续拍摄了一些纪录片和影视作品，终于实现了自己小时候的导演梦。除此之外，魏敏芝还专注于文学创作，陆续发表了许多文学作品，后来当选为中国青年作家协会副主席。虽然她外貌并不出众，但她通过自己的努力实现了梦想，活出了别样的人生！

女孩该懂得的道理

生活中，每个人的学识、智力、体质和家庭背景是不尽相同的，造成每个人追求梦想的起点也有所不同。无论你处于哪个起点上，都需要继续努力，通过自己的奋斗不断提升自己，超越自己原来的起点和目标，这样，终会有实现梦想的一天！

知识放大点

影视编导专业，是一门与影视有关联的学科，许多高等院校设置这一专业，通常设置广播电视编导、数字媒体编导等专业，培养现代各类媒体方面的复合型、多功能专业人才。

成长金点子

如何超越自己

首先，根据自己的人生梦想，制定出阶段性的努力目标。一个人的梦想是不可能一步实现的，它往往是经历多次努力，在实现一个个既定的目标后，最终成就了梦想。所以，做一个有出息的女孩，应该结合自身的实际状况，制定出每一阶段的人生目标，在完成一个小目标之后，接着继续向新的目标努力，这样就能不断超越自己。

其次，保持虚心好学的态度，不满足现有的成绩。一个人在人生的某一阶段取得了成绩，这会给自己带来信心和鼓励。这个成绩应该作为继续前进的动力，而不应成为前进的包袱。如果满足于既有的成绩和荣誉，迟早会因为落伍而被时代淘汰。所以，面对成绩和荣誉，需要保持虚心的态度，争取以后获得更大的成绩和荣誉。

最后，开阔视野，追求卓越。俗话说：天外有天，人上有人。即使一个人做出了一些成绩，也不可能没有提升的空间，不可能没有需要完善的余地。要站在同一起点上，看到别人的进步和成就，吸取和借鉴别人的长处，使自己在原来的起点上，百尺竿头，更进一步，这样才能超越自己。因为，梦想就是在不断超越自己中实现的。

抓住商机获得第一桶金

☆★☆★☆

有的女孩觉得，自己想成为一个有出息的人，可是总没有遇到机会。其实，机会往往就在你的身边，关键就看你能不能抓住。

她叫乐美瑜，是一个浪漫而个性十足的成都女孩。1996 年从四川大学毕业后，因托福分数较高，被德国柏林大学录取。德国的物价很高，一棵半斤左右的生菜，价格竟然是 3.5 马克（2002 年 7 月停止流通），折合人民币就是 14 元。所以，在这里生活开支很大，生存相当艰难。

为解决生存问题，乐美瑜先是在一家超市打工，后来听了朋友的建议，自己开时装店。可让人不解的是，尽管进来看衣服的女性很多，但真正掏钱买的却寥寥无几。

怎么办呢？面对不景气的状况，乐美瑜不断思考着。有一天，一位女士看到店里一幅名为《蒙娜丽莎》的人物肖像双面绣后，连声赞叹："太美了，太美了！"乐美瑜告诉这位女士："这是苏绣。"这些绣品都是出国前亲戚赠送给乐美瑜的纪念品。那位女士知道了苏绣不对外出售，十分失望地离开了。没想到，第二天这位女士带着丈夫来了，他是从事美术行业的，不仅对中国画有研究，对苏绣也十分感兴趣。最后他竟然提出用2000马克买走这幅绣品。当他说出这个数字时，乐美瑜颇感意外，这相当于8000元人民币！这不就是生意的突破口吗？她高兴地跳了起来。

善于思考的乐美瑜没有把这件事看成是偶然的事件，而是从中看到了一个巨大的商机。欧洲人普遍富裕又崇尚艺术，如果将这种颇具中国文化特色的手工艺品运一些过来，一定会大有市场。第二天，天还没亮，乐美瑜就给远在成都的母亲打电话。很快，价值两万多元的货运到了她的小店。看着这一件件精美绝伦的手工艺品，不少人都被中国博大精深的文化艺术所震撼。尽管这些绣品件件价格不菲，但不到一个月就销售完了。

第二批货数量很大，价值大约10万元人民币。遗憾的是店面太小，放不下更多的样品。如果租更大的店面，就意味着付出更多的资金，乐美瑜很快又想出了一个办法。她很快在店堂里安装了一台可供顾客"翻看"的电脑。店里有了这个设备，这些绣品就不愁没有地方展示了。同时，为了扩大销售范围，她还请IT行业的朋友专门为小店设计了一个网页，挂在网络商城上，不想外出的顾客和外地顾客，坐在家中也可以选购自己需要的绣品。

后来，乐美瑜还聘请了两位德国女孩做导购，再加上她们都是学

工艺美术的，所以，在向顾客介绍绣品时很有优势，常常能激发出顾客的购买欲望。

2002年乐美瑜拿到金融管理博士学位的同时，一家专门经营中国苏绣的公司也在柏林诞生了。几年来，通过经营苏绣这一国粹，乐美瑜已经有了2300多万美元的资产，若折合成人民币也算是亿万富翁了。

女孩该懂得的道理

作家冰心在诗中写道："成功的花，人们只艳羡她现时的明艳！然而当初她的芽儿，浸透了奋斗的泪泉，洒遍了牺牲的血雨。"成功需要机遇，然而机遇偏爱有准备的人，能否抓住机遇，关键在于一个人是否有准备。做一个有出息的女孩，就需要成为有准备的人，这样才有可能在行动中发现机会，成就自己的梦想。

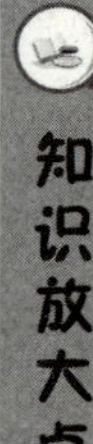

IT，是 Information Technology 的缩写，是信息技术产业，又称信息产业，它是运用信息手段和技术，收集、整理、储存、传递信息情报，提供信息服务，并提供相应的信息手段、信息技术等服务的产业。信息技术产业包含从事信息的生产、流通和销售信息以及利用信息提供服务的产业部门。

成长金点子

做一个有准备的人

现实中，许多女孩经常羡慕别人的运气好，羡慕命运之神对别人的青睐，却没有看到荣耀和鲜花背后，别人所付出的千辛万苦。

其实，机遇就像满天星斗，公平地照临每一个人，但如果你没有一双善于发现的眼睛，那么，即使机遇来到你的身边，你也发现不了，更不用说去捕捉和利用机遇了。所以想要成功，想抓住机遇，就得尽早用知识武装自己，时刻做好准备。

对于女孩来说，从小就有自己的梦想，努力学习科学文化知识，具有探究事物奥秘的兴趣，具备坚韧不拔的意志和毅力。同时，要锻炼自己的胆识和能力，还要不断提高应对困难的勇气。只有这样，当机遇来临时，你就会大胆应对，让机遇承载着你的梦想奔向远方。

从流浪艺人到专业演奏家

☆★☆★☆

一粒种子只有在穿破泥土后，才能够在阳光下发芽；一只小鸟只有折断无数根羽毛，才能够锤炼出凌空的翅膀；一个小女孩要实现演奏家的梦想，也难免要经历一番磨难。

这个小女孩叫雅琴，生于音乐世家，在部队大院长大。在她 4 岁的时候，开始跟叔叔学拉小提琴，上高中的时候，又跟父亲学吹萨克斯。从此，她迷恋上了这种乐器，希望成为一名萨克斯演奏家。

为了成就自己的梦想，雅琴开始了自己的演奏生涯。有一次，在一所大学的毕业典礼上，雅琴用萨克斯吹了一首曲子，得到老师和同学的赞叹。面对师生的赞誉，她只是微微一笑，没有人知道她为此下了多少功夫，流了多少汗水。其实，雅琴学的并不是音乐专业，而是饭店管理专业，本来大学毕业后有个大饭店聘用她，可是喜爱音乐的她却舍弃了这个难得的机会，到一家乐器行向老板毛遂自荐："你们这儿要不要业务员？我会吹萨克斯。"于是她终于如愿以偿地成为一名乐器销售员。

20 岁时，雅琴遇到一个女子乐队，乐队提出带她到广东发展。她非常高兴，也不问报酬是多少，只憧憬着在音乐事业上能够做出一番成绩，就跟女子乐队出发了。她随乐队来到广东汕头的一家夜总会，看到眼前的景象她感到十分意外。她从来没有到过这种灯红酒绿的地方，这里能够让她实现自己的梦想吗？她不禁表示怀疑。两个月后，雅琴终因不合群而离开乐队。这时，她已经非常明白，在这种地方是不可能实现自己梦想的。

雅琴只好背着萨克斯开始了流浪艺人的生涯。为了生活和练习演奏水平，她不得不经常赶场演出，每到一个陌生的城市，都会先打听哪儿有可以提供演奏的场所，然后亮出萨克斯，再问负责人是不是需要吹乐器的人。但是，在一般的小城市，很少有人见过萨克斯这种乐器，更别说欣赏萨克斯演奏了。有一天，她在台上演奏了一首曲子，

没想到观众几乎走了一半。于是老板说啥也不让她在那里演奏了。有时候甚至还碰上演奏完后，对方分文不给的事情。雅琴对此虽无可奈何，却也从不后悔，她说："我从来就没有对名利动心，只知道演奏萨克斯是我唯一的梦想，我所有的努力都是为了它。"

因为没有固定工作，雅琴的收入也不稳定，生活比较窘迫。对于这些困难，她无怨无悔，即使在最艰难的时刻，她也没有想过放弃自己的梦想。她非常执着，无论到哪儿，每天都要练习吹奏六七个小时。她说："流浪的日子使我变得淡定自信，在忍耐中学会了等待。"

功夫不负有心人。雅琴的付出终于换来了人生的转机，她四次应邀赴欧洲演出，无论德国、法国，还是比利时，她的每场演出都引起巨大轰动。她在卢森堡演奏完《梁祝》和《茉莉花》两首曲子之后，赢得了经久不息的掌声，她三次登台谢幕。看到听众们的热烈反应，雅琴微笑地说："这是我努力的结果，我终于实现了我的梦想！"

女孩该懂得的道理

每个女孩心中都有一颗梦想的种子，要让它在心里生根发芽，就必须做好思想准备。梦想不是容易实现的，往往需要经历一番艰辛和磨难，就像种子萌芽会有泥土阻碍一样，种子只有不断向上的努力，才会破土而出。

知识放大点

萨克斯，是以发明者的名字命名的木管乐器。音色丰富，高音区介于单簧管和圆号间，中音区犹如人声和大提琴音色，低音区像大号和低音提琴，特别适合演奏古典乐、爵士乐和现代乐。这种乐器是由比利时人阿道夫·萨克斯于1840年发明的。

成长金点子

勇敢面对人生困难

首先，坚定必胜的信念。一个人成就梦想往往需要经过若干年的努力，甚至需要完成人生不同阶段的一个个小目标，因而它不是一件轻而易举的事情。在追求梦想的道路上，遇到苦难和挫折是自然的，只要对前进道路上遭遇的曲折有充分的思想准备，而且对未来充满信心，就会迈过眼前的这道坎坷。

其次，不要被困难吓倒。在学习和生活中，一些女孩遇到困难就畏惧不前，实际上，这是缺乏自信的表现。每一位成功的人都可能遇到过困难，而自信能成功的人遇到困难绝不会退缩，所以，做一个有出息的女孩，要敢于面对人生道路上的各种困难，你越是不怕困难，你就越能挺过难关。

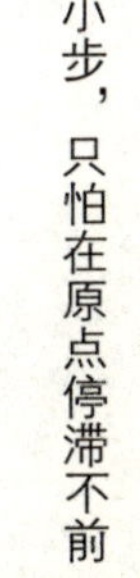

再次，寻找克服困难的方法。尽管在实现梦想的道路上障碍重重，但只要自己不失去信心，积极应对，总会战胜困难，相信自己总有一天会实现自己的梦想。正如唐代诗人李白诗云“长风破浪会有时，直挂云帆济沧海”。

第六章

即使不能像太阳那样伟大，也可以像月亮一样发光

生活中，许多女孩在家里受到父母的宠爱，衣来伸手饭来张口，生活不能自理，做事没有主见，学习上和生活中遇到问题喜欢依赖别人，这是不可能有出息的。做一个有出息的女孩应该有梦想，对未来有规划，生活上学会自理，善于思考，对待某一个问题或者某一件事都能有独立的思想和看法，做事有主见，自立自强，懂得实现人生目标需要靠自己而不能靠别人。

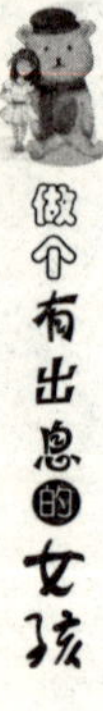

重要的事自己拿主意

☆★☆★☆

人的一生中，总要面对各种选择，特别是关系自己前途的事情，女孩要有主见，不能害怕选择。遇事果敢、关键时刻正确做出自己的选择，这是成功者必备的品质，优柔寡断往往让你在犹豫中丧失良机。

在演艺圈，影星都有自己的经纪人。外人以为影星都是听从经纪人的安排，其实影星也会有自己的主见。

著名影星索尼亚·斯米茨，童年是在加拿大渥太华郊外的一个奶牛场里度过的。她的父亲是一位农场主。

有一天，索尼亚放学回家后委屈地哭了。

“宝贝，发生什么事情了？”父亲见状问道。

索尼亚抽泣着说：“班里的一个同学说我长得很丑，还说我跑步的姿势很难看。爸爸，我真的很丑吗？”

父亲听后，看着女儿说：“孩子，你信不信，我能摸得着咱家的天花板。”

正在哭泣的索尼亚停止了哭泣，问道：“你说什么？”

父亲重复了一遍：“我能摸得着咱家的天花板。”

索尼亚擦亮眼睛，仰头看看天花板，将近4米高。这怎么可能摸得到呢？她心里嘀咕。

父亲笑了笑，有些得意地说："你不相信吧？那你为什么要相信那个同学说的那些话呢？因为有些话并不真实可信，也不是事实。"

这时，索尼亚终于明白了这样一个道理，那就是不能太在意别人说什么，凡事要自己拿主意，遇到事情自己要有主见。这个道理虽然看似简单，但却影响了她的一生。从此，索尼亚按照自己的心意，一步步走向演艺圈，在她二十四五岁的时候，成了一位很有名气的女演员。

有一次，按照演出的安排，索尼亚要去参加一个集会。临出发之前，经纪人告诉她，天气状况不好，只有为数不多的人参加这次集会，会场的气氛可能有些冷淡，建议她不要去了。经纪人的意思是，她刚出名，应该把时间花在大型活动上，以增加自身的知名度。但是，索尼亚不这么想，因为她在报刊上承诺过要去参加这个活动。结果，那次在雨中举行的集会，由于有了索尼亚的参加，广场上的人越集越多，她的名气和人气也因此骤升。

后来，索尼亚自己做主，离开加拿大去美国演戏，从此闻名全球。多少年之后，她回忆这件事时，说道："自己拿主意，当然不是一意孤行，而是相信自己。"

女孩该懂得的道理

有些女孩生活在父母的照料下，一切都是听从父母的安排，长此以往，就会使自己失去独立生活的能力，而且自己的人生波澜不惊，毫无色彩可言。做一个有出息的女孩，就要学会独立，相信自己的判断能力，重要的事情自己拿主意，即使错了也没有关系，只要不断改进，总有一天会成为有主见的女孩。

知识放大点

经纪人，是指买卖双方介绍交易以获取佣金的自然人、法人和其他经济组织。如歌星、影星、球星的商业活动均由经纪人安排。

成长金点子

尝试自己拿主意

在学习和生活中，一些女孩往往是身不由己，在家里听从父母的叮嘱，在学校里听老师的教导，就连亲戚、朋友也会出来给自己提出忠告和希望。不能否认他们是出于好意，但对女孩心智成长来说，不见得全都是起到了积极作用，因为这与女孩成长所追求的个性相矛盾。

在我们年幼的时候，几乎所有事情父母都会替我们拿主意。随着我们慢慢长大，就会发现，很多事情需要自己做决定才好。如果总是依赖父母或朋友出主意，我们思考问题的能力就会逐渐退化，甚至到最后不能独立处理问题，更不用指望依靠自己的努力实现自己的梦想了。

所以，做一个有出息的女孩，要学会独立，就要敢于尝试自己拿主意。从自己解决小事逐渐过渡到自己做出重要的决定。只有勇敢地迈出这一步，才有可能实现自己的人生目标。

靠自己的努力改变命运

☆★☆★☆

俄国作家车尔尼雪夫斯基说："没有完全的独立，就没有完全的幸福。"想做一个有出息的女孩就应该懂得，父母只是我们的领路人，而不是永远的靠山。在日常生活中多给自己一些自理自立的锻炼机会。学会自己的事情自己做，才能养成独立自主的好品质。

几年前，有一位14岁的青海农家女孩，参加了一档电视节目，需要她和城里的一位家境优越的女孩互换七天。就是让农家女孩在城里的女孩家生活七天，让城里的女孩在农家女孩家里生活七天。

这位农家少女的家境十分艰难，一年也吃不上几次好吃的饭菜，因为参加节目交换到了城里后，她每天吃的是大鱼大肉，并且有保姆为她做饭，不需要她自己动手。她羞涩而好奇地享用着这一切，感觉像梦一样的生活变成了现实，这让她感到新鲜和有点儿受宠若惊。许多观众越来越相信她会沉溺在这种生活中而不愿意回到农村去。

节目播出的议题是："七天之后，她还愿意回到农村吗？"然而，七天还没有结束，谜底提前揭晓了——这位女孩的父亲不慎扭伤了脚，当女孩得知这个消息后，立刻提出要求返回家乡。

"为什么要急着走？父亲的脚伤不是大事，你难得来一次城里。"节目编导极力挽留她，希望她完成这期节目再回去，况且看出她也喜

欢城里的生活。但是，出乎所有人的预料，女孩只说了一句："我家的麦子熟了。"编导也没有理由再让女孩留在城里了。

农家女孩回到村里后，仍然五点半上学，啃了小半个馍馍当午饭，她在学习之余仍旧割麦、挑水，穿着补丁长裤和布鞋，刻苦读书不改初衷。

记者问她："你为什么不待在城里呢？那里的条件那么好。要什么有什么，有漂亮的衣服，有好玩的玩具，还有很多好吃的，都是这里没有的。"

女孩笑了笑说："那都是别人的呀！"

记者问她："可是别人会给你啊，你看我们节目组为你提供这些都是无偿的，你不需要付出任何的东西，只需要吃喝玩乐就可以了。这是多么轻松的一件事，你难道还不愿意吗？"

女孩看了记者一眼，收起了笑容，她似乎经过了一番思索，说："就算是你们给我，那也不能算是我的，我是舍不得城里那些玩具和好吃的，可是我也知道，我要得到它，只有通过自己的努力，否则就算别人给我，我也不会觉得它好吃或者好玩。因为我知道终究有一天，你们会收走那些东西的，不是吗？"女孩的话，让记者无言以对。

在采访结束的时候，这位农家女孩对着镜头开心地笑了，她朝观众们挥动着手臂，说："我要靠自己！只有不断学习，我才能真正走出大山，改变自己的命运。"然后义无反顾地走向了自家的房屋。

女孩该懂得的道理

如果让一位生长在贫困地区的农家女孩，突然处在衣食无忧的环境中，她会留恋吗？故事中的女孩作出了她的选择。虽然她喜欢城市里的物质生活，但还是坚定地回到了自己的家乡，因为她知道别人赠予的并不属于自己，要想获得这些东西，只有靠自己的努力。

知识放大点

节目编导，是指创作、编辑、筹划和导演电视节目的专业人员，其工作具体是指从现实生活中选取有价值的题材进行策划、采访、制定拍摄提纲、组织拍摄、编辑制作，最后对作品进行把关检查的系统性创作活动。

成长金点子

做个思想独立的女孩

按理说，每个女孩在思想上都应该是独立的，然而许多女孩喜欢依赖别人，追随别人，常常按照他人的想法去做事，很少有自己的想法。这是思想上缺乏独立的表现，显然不利于女孩心智成长。做有出息的女孩，就要学会思想上独立，自己遇到事情不能太在意别人的看法，凡事都要有自己的主见，按自己的意愿去做。

思想独立是一个人取得成功必备的品质。女孩想做到思想独立，就要学会有主见，对未来有自己的打算。无论你的打算是否成熟，是不是切实可行，只要是经过自己认真思考的，总会不断改进中完善的。当然，自己有独立的思想并不是一意孤行，也不是完全排斥亲友的建议和别人善意的提醒，而是遵照自己内心的想法，相信自己的判断力。事实证明，有独立思想的女孩，在自己独立面对学习和生活上的问题时，自身的潜能就会充分发挥出来，使自己在人生的道路上越走越稳。

别在意他人的嘲笑

☆★☆★☆

美国著名心理学家安东尼·罗宾斯说过："成功的秘诀在于懂得怎样控制痛苦与快乐这股力量，而不为这股力量所反制。如果你能做到这点，就能掌握住自己的人生。"一个人最大的难题就是掌控自己的情绪，如果你能掌控情绪，你就能掌控自己的未来。

在生活中，有的女孩兴奋地说出自己的梦想时，不料却遭到了许多人的嘲笑。那么她会继续坚持自己的梦想，还是因此终止自己的努力，结果显然是不同的。看看一位名叫诺兰的女孩是怎么做的吧。

诺兰是家中唯一的女孩，从小是父母的掌上明珠。不幸的是，在上中学的时候，她患上了一种罕见的疾病。这种病随着患者年龄的增长而加重，最终会使患者的五官渐渐萎缩，严重变形。目前世界上还没有有效的治疗方法。尽管这种病很可怕，但不会危及患者的生命。

自从诺兰患病后，她一直没有丧失战胜病魔的毅力，以及对生活的美好愿望。她心里始终燃烧着一团希望的火焰。她希望通过努力学习，改变自己的现状。

有一天，在社会心理学课上，老师让同学们讨论自己的理想。同学们个个神采飞扬，你一言，我一语，热烈地讨论着，唯独诺兰暗自沉思，静静地坐在那里。老师让诺兰说一说自己的理想。没等诺兰开口，一个调皮的男生抢先喊道："整容，她的理想只有整容！"话音未落，教室一片哄笑。

诺兰转过身子，表情认真地看着那个男生说："唐姆，你错了！我的理想并不是整容，那样也改变不了我脸上的残疾和缺陷。我只有一个理想，那就是做一名律师。"话音刚落，教室里哄堂大笑，她再次遭到了同学们的嘲笑。

于是，诺兰表情严肃地重申道："我真的要当律师，帮助那些可怜的受害人以及遭到别人歧视的身患残疾的人。"她补充说："也许有一天，我的脸可能更难看，但只要我活着，就会继续证明，容貌并不等于生命的全部，比这更重要的是生命中的理想和坚强。"同学们看到诺兰认真的样子，明白她不是在开玩笑，教室里瞬时静了下来，每个人都陷入了沉思。

后来，诺兰通过不懈地努力，不仅考上了大学，而且还考取了职业律师资格证，终于成了一位律师，实现了自己的梦想。

女孩该懂得的道理

梦想就像人生道路上的一盏明灯，让渴望实现梦想的人能看到希望。女孩拥有梦想，并为之努力奋斗，会让自己感到充实。追求梦想的过程会激发人的潜能和聪明才智，自己的努力和取得的成绩，就是对别人非议和嘲讽的最好回应。

知识放大点

律师，是指依法取得律师执业证书，接受委托为当事人提供法律服务的执业人员。在欧美国家，律师多为单独或合伙设立律师事务所，向委托人收取高额酬金，因而属于高收入的群体。

正确对待别人的嘲笑

学习和生活中，当一些女孩说出自己的梦想时，可能会遭到别人的嘲笑，就像上面故事中诺兰遭遇的情形一样。对待别人的嘲笑，采取漠视甚至是冷对的态度显然是不妥的，因为这些人大多是自己身边的人，甚至有的是自己的亲人和好友，完全断绝与他们的联系肯定是不可行的。这就需要转变思维，采取灵活的态度。

其一，向对方说出自己的真实想法。在别人不了解你的情况下，也许他们会觉得你的理想超出了你的能力，是不可能达到的，以至于对你的理想和追求产生怀疑。如果你详细说出自己的理想与追求，以及人生规划和具体措施，他们的态度就有可能由否定转变为赞赏。

其二，不要过于在意别人的态度。几乎每个人都有梦想，实现梦想是个人的事情，你是成就自己梦想的主角，未来的路要靠你自己走，所以，不要在意别人的议论和看法，更不必对嘲笑你的人采取不友好的态度，应该学会宽容，相信他们会逐渐改变态度的。

其三，用自己的行动转变他们的看法。既然你有梦想，就要付诸行动，用事实来证明你在为梦想而努力。别人看到你的付出，看到你不断取得一个个成绩，那些曾经嘲笑过你的人自然就会转变态度，从原来的否定变为由衷地欣赏。

拍摄出独特的拱门

☆★☆★☆

随着年龄的增长，女孩也会有自己的想法，有时会与父母的意见不合，在这种情况下，究竟该如何做呢？一位叫琼斯的美国女孩给了我们一个很好的参考答案。

琼斯在 12 岁的时候，在她妈妈的影响下，选修了摄影课。不久，她就知道许多摄影家用的都是黑白胶片。有一天，爱好摄影的妈妈提议，她们一起去拍摄著名的圣路易斯拱门。

那天，天气阴沉沉的，妈妈建议等太阳出来再去拍摄，琼斯说这样的光线正适合她构想的照片。母女俩刚来到圣路易斯拱门，琼斯便走到近前，背靠在拱门的三角形支柱上，向后弯着身，将相机举过头顶"咔嚓咔嚓"地拍摄了起来。

这时，妈妈说："琼斯，你应该退后一些，把整个拱门照下来。"任何人只要见过拱门的照片，就知道琼斯的妈妈为什么这样讲，琼斯没有理会妈妈的话，又走向另一根支柱，重复了前面的动作。妈妈希望女儿能够拍出一张漂亮的照片，所以再次试图告诉女儿该怎样拍这张照片。可是，琼斯依旧不理睬妈妈的忠告，她似乎完全没有把妈妈多年来的摄影经验放在眼里。"不，我就要这样拍。"琼斯说。

妈妈有些生气，自言自语地说："好吧，无非是浪费一些胶卷和冲洗的费用，但是她会得到教训的，就算是付点学费吧！"

然而，事情的结果却是琼斯给妈妈上了一课。几年过后，琼斯获得了旧金山艺术学院的奖学金，在安塞尔·亚当斯摄影中心实习，并在旧金山现代艺术博物馆举办了摄影展。琼斯拍摄的那张拱门照片已经被多家美术馆收藏。她的作品以独特的洞察力见长，正是这种特别的洞察力使琼斯在 12 岁时以妈妈意想不到的角度拍下了那张拱门的照片。

看到女儿取得的成就，妈妈感慨地说："幸亏女儿当时没有听从我的劝告。"

琼斯在接受记者采访时说："如果你认为自己的思想、观点和方法是正确的，就应该保持自己的想法，不要在意别人这样或那样的评说。只有这样，你才可能坚定自己的信念，最终实现自己的理想。"

女孩该懂得的道理

女孩在成长过程中会发现，自己的梦想和人生规划与父母的期待不尽相同，这是可以理解的，它是由于两代人所经历的社会环境、各自的阅历和知识等因素存在差异。父母和亲友的意见是需要认真听取的，但选择权和决定权在自己。因为事业的成功与否往往取决于一个人是否有自己的想法，并坚定不移地执行下去。

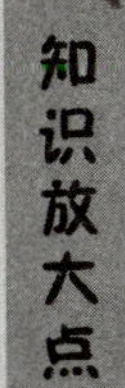

知识放大点

圣路易斯拱门，矗立在美国圣路易斯市密西西比河畔，是一座弧形的不锈钢悬链线建筑物，高 192 米，始建于 1964 年，1965 年建成。它是为了纪念美国西部拓荒者建造的，走过它便意味着进入美国西部大地。

成长金点子

正确对待父母的意见

女孩在学习和生活中，难免有与父母不一样的想法，尤其是父母的期望与女孩的兴趣爱好不同的时候，女孩往往会产生抵触情绪。那么，该如何对待父母的意见呢？

首先，尊重父母的意见。父母对子女的期望一般是根据他们所经历的社会环境和个人认知得出的，往往较多地考虑了过往的经验和自身的感受，常常忽略了孩子的志向和兴趣，但他们的本意是为了孩子的未来及其家庭的幸福。所以，女孩要认真听取父母的建议和意见，作为自己人生规划的重要参考，切不可直接地予以排斥，以免影响与父母的交流和沟通。

其次，坚持自己的选择。女孩对于自己的未来，要根据自己的人生志向、兴趣爱好、性格特点和自身条件等因素综合考虑，做出慎重的选择。如果与父母的期望存在差异，应及时主动地告诉父母，相信你与父母充分沟通后，能够得到他们的理解和支持，这是你实现人生梦想的巨大精神支柱。

自己的事情自己做

☆★☆★☆

古人云，“不扫一屋，何以扫天下”。倘若一个女孩连生活自理能力都不具备，将来如何能够面对人生中的困难呢？所以，要想做个有出息的女孩，就必须学会生活自理，自己的事情自己做，逐渐养成独立自主的习惯。如今的女孩大多是独生子女，自理能力较弱，有时候需要父母的照顾，也需要别人的帮助，但不能因此产生依赖意识，更不能养成处处依靠父母的习惯。

在青岛有一个叫雪晴的女孩，外语学得好，她的英语老师是英国人，对她说：“你有学习天分，如果到英国留学，我可以给你担保。”雪晴当然愿意，回家与妈妈商量，妈妈说：“咱家没钱，你要去的话只能尽力争取奖学金。”她妈妈下岗了，爸爸身体又不好，哪里有钱去呢？雪晴参加考试，真的获得了奖学金，然后就到英国留学去了。

读高三时，雪晴的奖学金不足以支付她在英国的开支。这时，她爸爸已经去世了，妈妈生活得很困难，她不能再向家里要一分钱，只好一下课就去打工，用打三份工赚来的钱维持了自己上学的费用。校长知道这事后，对雪晴说：“我知道你非常勤奋，你一下子打三份工太辛苦了，我有一份工作给你，你如果愿意做，打这一份工就够你上学用了。”

“校长，我愿意！您说吧，是什么工作？”雪晴着急地问。

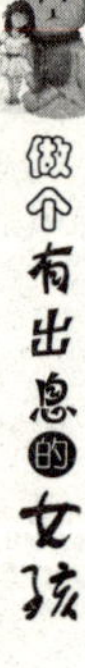

“我们学校有好几个厕所，需要人打扫，你愿意做吗？”校长试探地说。

“我愿意！”雪晴表示有信心做好。

于是，雪晴每天放学后就打扫厕所。她的同学好多来自贵族家庭，看到这个中国女生居然打扫厕所，就瞧不起她，但是雪晴非常自信。她说：“我是劳动挣钱，我是干净的，我是有尊严的。”她并不在意一些同学的看法。高中毕业的时候，雪晴考上了英国的剑桥大学，那些曾经对她有看法的同学也不得不佩服她。

然而，与雪晴的自立自强的经历不同的是，沈阳有一位叫小菲的同学，竟然因为缺乏生活自理能力，遗憾地放弃了上大学的机会。

有一天上午，在沈阳市精神卫生中心的心理门诊，来了一位名叫小菲的女孩。她高中毕业后考上了南方的一所名牌大学，专业也很热门。消息传来，父母都很高兴，邻居也都说她很争气。

眼看快要到新生报到的时间，小菲却哭着对母亲说：“我不想去南方，想再复读一年考本地的大学。”父母非常生气，坚决不同意。此后，小菲严重地失眠，焦虑，总是莫名其妙地发脾气，哭泣。无奈之下，妈妈就带她来看心理医生。

小菲见到心理医生第一句话就是：“你辅导我也没用，我真不想离开沈阳。”

原来，小菲小时候，父母忙于工作，她是奶奶带大的。父母觉得对女儿有些愧疚，自从把女儿接回家后就无微不至地照顾她，甚至小菲在生活中的事情全由母亲包办了。尤其是上高三的时候，妈妈每天早晨给小菲做营养餐，晚上陪女儿一起休息。收到录取通知书的当天，小菲的奶奶突然病了，父母赶到了医院。

当天晚上，小菲一个人在家，在楼下买了饭，吃完就把碗筷放在水池里，想洗出来却把碗打碎了，收拾碎碗的时候又把手指划破了。那一刻，她突然想到："我什么都不会做，甚至连袜子都洗不好，离开妈妈我怎么生活啊，要是生病了怎么办？"就这样，她放弃了上名牌大学的机会。

女孩该懂得的道理

从上面的故事中可以看出，一个自立的女孩能够经受生活中的波折，为自己铺就实现梦想的道路；另一个缺乏自立能力的女孩，懒惰的习惯已经根深蒂固，遇到一点困难就会寻找任何借口，畏惧不前，放弃难得的机会。在自立问题上，两种不同的态度必然导致两种截然不同的人生。

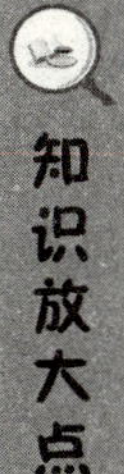

知识放大点

剑桥大学，是英国乃至全世界最顶尖的大学之一，也是诞生诺贝尔奖得主最多的高等学府。剑桥大学和牛津大学为英国的两所最优秀的大学。

克服依赖父母的心理

现在，一些女孩过度依赖父母，自理能力较差，一旦离开父母就手足无措，甚至一个人无法生活。在歌坛上就有这样的例子，一位女孩在母亲羽翼下成为著名女歌手。母亲是她的全职保姆、经纪人，时时刻刻陪伴在她的身边，照顾她的生活起居，处理她的演艺事业，事无巨细，全部由母亲包办。后来，女歌手的母亲去世了，女歌手已年近四十，但心理年龄和处世能力却像个懵懂无知的孩子。在生活中，她的自理能力很差，在家里不会叠被子，

不会洗衣服，不会做家务；在工作中，她看不懂合同，不会买机票，不懂得时间安排，常常陷入违约、耍大牌的质疑中，她后来不得不直接退出了歌坛，几乎与世隔绝，令人惋惜。

那么，女孩该如何克服依赖父母的心理呢？

首先，从参与家务劳动开始，独立完成力所能及的家务劳动，比如洗衣服、叠被子、洗碗、拖地板等，提高自己的动手能力，进而养成生活自理的习惯。

其次，自己的事情自己拿主意，并努力尝试去完成。遇到问题尽量不要急着询问父母，如果不是特别重大事情，可以先进行冷静地思考，然后尝试着自己去完成，要逐渐摆脱依赖父母的习惯。自己独立完成的事情多了，就会慢慢积累做事的方法和经验，并增强自信，即使遇到困难也不会轻易被吓倒。

第七章

知识改变命运，才智是建造人生大厦的基石

花儿想绽放，需要雨露浇灌；玉石想成器，需要斧凿打磨。女孩想成为有出息的人，就要努力学习文化知识，掌握成才必需的技能，为未来实现自己的人生梦想打好坚实的基础。尤其是那些生长在经济发展较为落后地区的少女，只有通过努力学习才可以改变自己的命运。

发现“吃掉”塑料的方法

☆★☆★☆

当今社会是一个竞争激烈的社会。竞争说到底是人才的竞争、科学技术的竞争，更是知识的竞争。知识决定一个人的未来。只有努力学习知识，才能在未来的竞争中获胜，为自己赢得美好的未来。

塑料制品是人们的日用品之一，它所产生的塑料垃圾因为难以分解而成为世界环境的“公害”，许多科学家为寻找破解方法呕心沥血，谁承想一位女生竟然找到了一条破解的新途径。

2016年，一位19岁的加拿大华裔少女，在做实验时，意外发现了快速“吃掉”塑料的方法，在降解塑料方面取得了革命性的新发现，因而获得加拿大青年科学发展奖最年轻代表的殊荣。

这名少女名叫姚佳韵，出生在中国沈阳，小学四年级时随家人移民加拿大，她从小对环保科学非常感兴趣，立志长大后要为改善人类环境做出贡献。她在初中和高中阶段，一直很勤奋，高中毕业后如愿进入了加拿大多伦多大学。

有一次，姚佳韵与高中同学汪郁雯参观温哥华垃圾转运站，当她们看见堆成小山一样的塑料垃圾时，十分惊诧。姚佳韵询问工作人员要花多少时间才能消化这座垃圾山，工作人员无奈地摇摇头说：“塑料结构很坚固，大概5000年内都不会分解，只能将它们打成小碎片掩埋起来。”

从那天起，姚佳韵和汪郁雯就开始着手研究，究竟为何塑料对于环境会造成如此伤害，也思考着如何才能将如此大量的塑料垃圾完全清除，特别是漂浮在河道及海洋上的垃圾。

在读过成百上千篇的科学论文后，她们将解决方法锁定在微生物上，希望借由微生物“吃”掉塑料。于是，她们从河边采了3个不同地点的污染土壤样本培养细菌，不料，在一次实验时，不小心将装有细菌的实验瓶打翻了，导致细菌和塑料混在一起。她们赶紧清理，清完后惊奇地发现，塑料竟然被刚刚那些细菌分解掉了。于是她们赶紧将这些细菌分开来做同样的实验，用以验证她们的发现。实验的结果真如她们预期的一样！她们依赖邻苯二甲酸酯培养出来的细菌，改变了塑料结构，最后分解成水（或酒精）及二氧化碳，比市面上现存的有机体分解方式快了80倍。

根据环境资讯中心调查，全世界海洋中约有5万亿件塑料垃圾，重达27万吨，使海洋生态面临重大威胁，现在这两个女生的发现将有机会拯救海洋。因为这一重大发现，姚佳韵在加拿大受到各种演讲邀请，而且场场爆满，坐在台下聆听演讲的不仅是科学界前辈与各大生技公司，就连世界首富、微软创始人比尔·盖茨及谷歌创始人拉里·佩奇也都是座上宾。

女孩该懂得的道理

在许多人的印象中，科学发明和新发现是科学家和发明家的研究实验成果。在科学发明领域、女科学家、女发明家可谓凤毛麟角。而如今，随着科学技术的广泛应用和互联网的普及，即便是一名女生也可以大有作为，就像故事中的姚佳韵一样，依靠自己的聪明才智实现

了人生梦想。

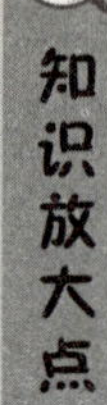

塑料结构既复杂又坚固，很难被分解掉，如果没有其他外力干扰，大自然需要上千年甚至上万年才能分解塑料，这种分解也只是让塑料变小，它的结构仍是完整的、未受破坏。生物降解是让塑料在微生物体内通过溶解、酶解或细胞吞噬等作用，逐渐分解，慢慢转化成自然界的物质。

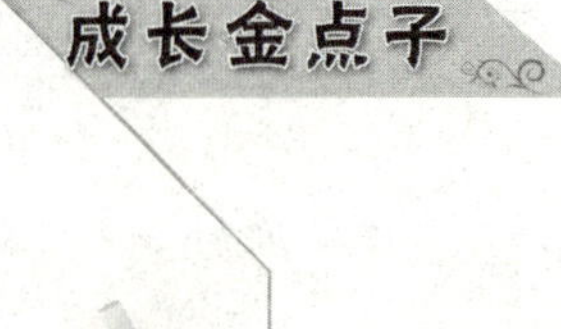

做个爱学习的女孩

一说到学习，许多女孩脑海中的概念是捧着课本埋头苦读，其实这是一种狭隘的理解。学习的范围既包括课本知识及其相关内容，也包括课本之外自己感兴趣的相关内容，尤其是与自己准备探究某一课题相关的内容。做有出息的女孩，就要让自己爱上学习。

首先，明确学习的目的。女孩要懂得这样一个浅显的道理：学习可以丰富自己的知识，知识可以改变自己的命运。既然自己有梦想，立志在某一方面做出成就，从小就要积极主动地学习，摸索科学的学习方法，不断提高学习效率。

其次，培养学习兴趣。爱因斯坦有句名言："兴趣是最好的老师。"被动学习难以深入某一学科，自然就难以在该学科取得成就。

因此，想要在某一科学有所建树，就应该从学习中挖掘有趣的元素，让学习变成一件快乐的事。

再次，培养探索的习惯。如果仅限于掌握课本知识，就容易产生自满心理。只要养成探索的习惯，就会在探索中不断思考，在思考中就会遇到新问题，遇到新问题就会促使自己不断学习新知识。这样一来，你所掌握的知识就会越来越多，解决问题的能力就会越来越强。

“90后”女孩的创业梦

☆★☆★☆

许多女孩都想长大后在某一领域有所成就，做出一番事业，实现自己的人生理想。这就需要不断学习新的知识，掌握新的技能，让自己所掌握的知识技能在未来有用武之地。

2009年，19岁的张玙璠只身前往新加坡求学，修读旅游与酒店管理专业，并决定自己承担生活费和学费。她刚到新加坡的时候，一碗普通的牛肉面要40元人民币，她觉得自己已经成年，不能拿着父母辛苦赚来的钱大手大脚，有必要勤俭节约，并且要练就独自生存的能力，把日子越活越精彩。

于是，她一边求学，一边从事兼职。当时作为大学生的张玙璠，在新加坡成立了国际投资联盟和文化公司，她当过国际记者，采访过国际投资家罗杰斯，为企业家提供投融资和品牌策划服务。大学四年，张玙璠赚了150万元，凭借自己的实力和果敢挖到了人生第一桶金。而且在工作中，她有机会接触到新加坡当地企业家，从他们身上

学到了许多管理经验。

2013 年，张玙璠回国后发现，制作 PPT 是许多职场人士、求职者和大学生必需掌握的基本办公技能之一，但是，不少人在电脑端制作 PPT 的体验非常不好：携带不便、制作繁杂、花费时间长。张玙璠从中敏锐地发现了商机，她突然有了一个想法：做一款办公产品，简单、快捷又方便，让职场白领、求职者、大学生在短时间内轻松应付各类繁复的 PPT。

这个想法在张玙璠的头脑中越来越清晰了，不久，她打电话邀请朋友聚会，几个人在一家饭馆里围着一锅麻辣小龙虾开展了热烈讨论。一顿饭之后，这几个热血青年当即拍板，一起创业开发新款的 PPT。

团队刚刚组建时，张玙璠曾收到一份月薪 2 万的工作邀请。为了和伙伴们开创自己的事业，她毅然选择了谢绝，坚定地走上了自主创业之路。俗话说：万事开头难。几个没有经验的年轻人一起创业其难度可想而知。开始创业的那段日子，他们经常加班加点，累了就在办公室打地铺。付出就会有回报。2015 年，张玙璠与团队研发的一键生成 APP 成功定型。

张玙璠团队开发的这款 APP，采用云端排版技术，使用者不需要懂设计、排版，只要选择自己喜欢的模板填写文字内容，5 分钟就可以轻松制作一篇高水平的 PPT 演示文稿。在产品上线之前，这款一键生成 APP 就已经拥有了很多“粉丝”。上线后在没有任何宣传的情况下，就拥有了一万多名活跃用户。据一键生成 APP 创始人兼 CEO 的张玙璠介绍，这项自动排版技术将会应用在更多平面设计领域。

如今，张玙璠团队开发的一键生成 APP 已经在软件应用市场和电脑网页端完成布局，并凭借实力和巨大市场潜力，获得了 2016 年中国首届“女性创业节”十佳项目。

女孩该懂得的道理

作为一名“90”后女孩，张玙璠看到许多人使用 PPT 软件体验不好，于是想予以改进和完善，这说明她善于学习，掌握了操作流行软件的知识技能。同时，她敢于组建团队开发一键生成 APP，与她在新加坡留学获得的管理知识和办公司的经验是分不开的。可见，知识和经验为她成功创业奠定了基础。

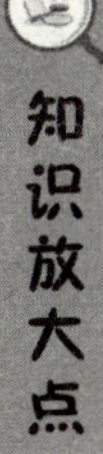

知识放大点

PPT 是一款演示文稿软件。用户可以在投影仪或者计算机上进行演示，也可以将演示文稿打印成纸质文件。APP 是一种安装在手机上的应用软件。随着科技的发展，它的功能越来越多，越来越方便人们的生活。

成长金点子

不断学习新知识

如今，科学技术发展日新月异，尤其是以互联网为代表的新技术的迅猛发展，极大地改变了人们的生活方式，促使人们改变传统的思维习惯，及时学习和接受新技术在学习、工作和生活中的广泛应用，

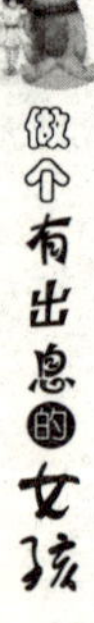

这就需要学习新知识，掌握新技能。

在知识爆炸的时代，世界上每时每刻都有新知识和新技术产生，如果我们的知识未能及时更新和完善，甚至还停留在几年前的水平，显然难以在社会上立足，更别说实现自己的人生理想了。在新形势下，做一个有出息的女孩，就必须不断地“充电”，接受新思想、新观念，掌握新技能，这利于自己完成学业，并为将来就业铺平道路。

同时，科学技术的飞跃必然会带来行业间的竞争，女孩走入社会后，要想自己的位置不被别人取代，就要不断地学习，了解科学技术进步动态，及时更新知识，不断提升自己，使自己紧跟时代发展的步伐，避免被时代淘汰。

勤学带来的人生转机

☆★☆★☆

作家高尔基说过：“青春是有限的，知识是无穷的，趁短短的青春，去学习无穷的知识。”任何一门学科的知识都是无穷尽的，掌握任何一门学科的知识都离不开勤奋，获得知识没有捷径可走。正如唐代哲学家韩愈的治学名联所言：“书山有路勤为径，学海无涯苦作舟。”

许多女孩在安逸的生活中缺失了人生的方向。其实，人生的意义不在于一味地享受，而在于不断地追求。做有出息的女孩，就必须有明确的奋斗目标，并通过努力得以实现。

格蒂·科里出生在一个富裕的犹太人家庭，继承犹太人与生俱来的爱读书的习惯，对知识充满了渴求，学习成绩一直很好。

格蒂的好学引起了叔叔罗伯特的注意。作为儿科教授，罗伯特看不惯哥哥教育孩子的方式，因此只要有时间，他就和侄女在一起，千方百计地教育她掌握科学知识。罗伯特知道，格蒂虽然好学，但没有特别的追求，对父母给她安排的安逸生活也乐于接受。于是，罗伯特经常语重心长地劝告格蒂不要沉溺于安逸的生活而碌碌无为，那样的人生表面上看起来似乎很幸福，让人羡慕，但人生的意义却绝不仅限于此。

叔叔的话多次让格蒂陷入深思。格蒂想，庸庸碌碌的生活确实没有什么意思，人总得有点追求才对。她觉得自己也应该上医学院，当一名像叔叔那样出色的医生。

1912 年，格蒂即将从私立学校毕业，罗伯特专门找她聊天。他问格蒂："你毕业以后打算干什么呢？"

"跟您学医。"格蒂脱口而出。

听了侄女的话，叔叔暗自高兴，他假装担忧地说："你不觉得现在太晚了吗？你还没有正规地学过拉丁语、数学、物理学和化学，要想进医学院，这些可是必考的科目！你能考得上吗？"叔叔又装出一脸不信任的表情看着格蒂。

格蒂的好胜心被激发了出来，她不服气地说："那有什么难的，我一定能考上！"

"好，那叔叔就等着你的好消息了。"

望着叔叔离去的背影，格蒂不禁有些犯愁，按照当时的规定，她必须先学 8 年的拉丁文、5 年的数学、物理和化学，这样才能有一定的基础去考大学。当时，这几门课她一门还没有学过呢，她心里也没有底。但是，自己的大话已经说出口了，她也非常想读医学院，长大

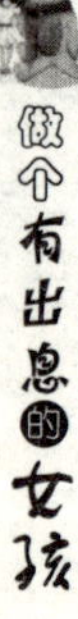

后做一名医生。于是，格蒂暗下决心："必须马上补习这几门功课，这样才能有希望上大学！"

这年夏天，格蒂和家人度假时，遇到了一位老师，他答应帮助格蒂补课。在这位老师的帮助之下，加上格蒂自己的勤奋努力，她只用了一年半的时间就达到了入学要求，顺利地通过了大学的入学考试。

后来，格蒂成为一名著名的医学家。1947 年，她与丈夫卡尔·斐迪南·科里以及阿根廷医生贝尔纳多·奥赛一起因发现糖代谢中的酶促反应而被授予诺贝尔生理学或医学奖。她在回忆这段经历时曾说："这是我一生中经历的最艰难的考试。如果没有想考上医学院的理想，我的人生也许就是另一个样子了。"

女孩该懂得的道理

世界上有杰出贡献者多数是有目标而且勤奋的人。格蒂当初把考取医学院作为自己的目标，并努力学习达到了入学标准，使自己成为著名医学家，进而获得诺贝尔生理学或医学奖。所以，做一个有出息的女孩，应该勤奋学习，使自己顺利考取理想的大学，为未来实现人生理想铺平道路。

知识放大点

格蒂·科里（1896 – 1957），美国生物化学家。出生于一个犹太家庭，后加入美国国籍。格蒂·科里是第一位获得诺贝尔奖的美国妇女。

成长金点子

阅读要循序渐进

古人云，“欲速则不达”。读书要求由浅入深，循序渐进。我国古代理学家朱熹的体会是“读书的方法，在循序渐进，熟读而精思”。俄国著名生理、心理学家巴甫洛夫也曾在《给青年们的一封信》中告诫青年，读书“要循序渐进，循序渐进，再循序渐进……在积累知识方面养成严格的循序渐进的习惯”。

所谓循序渐进，就是按照一定的知识系统，由少到多，由浅入深，由基础到专业逐步学习的过程。循序渐进是读书的一条客观规律，女孩如果知识底子薄、知识面窄，在学习时更要严格遵循这一规律。一个概念、一个原理都要真正领会，深刻掌握，切忌养成贪多贪深、急于求成的不良阅读习惯。急于求成的结果必然是囫囵吞枣，不求甚解，最终导致半途而废。

从清洁工到斯坦福教授

☆★☆★☆

近年来，“人工智能”这个概念横空出世，快速走进了大众的视野。在国内近期举办的人工智能研究活动中，一位来自大洋彼岸的华裔女科学家受到了同行的关注。她不仅是美国斯坦福大学人工智能实验室唯一的女性，也是计算机系最年轻的教授。在她成功的背后隐藏着一段颇为传奇励志的人生。

这位华裔女科学家名叫李飞飞，1976 年出生，年仅 33 岁时便获得了斯坦福的终身教授职位，现任美国斯坦福大学人工智能实验室主任。很多人没有想到，她曾做过清洁工、中餐馆收银员、照看宠物狗，帮家人开过干洗店。从一名清洁工成长为美国著名大学教授，她的经历成为女孩励志的榜样。

上世纪 90 年代，李飞飞的父母来到美国新泽西州帕西帕尼小镇，那时李飞飞只有 16 岁。初到美国时，全家人英语都很差，光是李飞飞的入学就颇费了一番周折。父母在镇政府、教育部门、多所高中之间奔走了数月，李飞飞好不容易进入一所当地排名中等的学校。

入学之后，怎么挣钱养活自己成了大问题。父母只能找到相机修理、超市收银之类的工作，微薄的收入远不足以支撑全家的生活和学费，李飞飞不得不分出大量精力，在唐人街中国餐馆做清洁工，在中餐馆当收银员，给别人照看宠物狗，靠打零工补贴家用。

这时，距离美国的大学入学只有 2 年时间。如果想要进入一所好大学，李飞飞不仅要在少得可怜的学习时间里迅速掌握英语，还要拿出一份极其优秀的成绩单，只有这样才能拿到顶尖大学的奖学金。否则，以他们的家境是付不起美国私立名校的高昂学费的。

对知识的追求似乎根植于李飞飞的血液里，为了实现自己的梦想，她一边打工一边学习，最辛苦的时候，一天只睡 4 个小时，奔忙于学校和打工的地方。高中毕业的时候，普林斯顿大学给了她几乎全额奖学金。她的成功在小镇上名噪一时，有一家报纸专门刊载了她的故事。

普林斯顿的学术生活对李飞飞而言是幸福的。在这里，她接触到了大量的优秀人才。但是，这个时候她的家庭经济状况还是没有改善，父母仍在帕西帕尼小镇过着艰难的生活。李飞飞敏锐地注意到了市场上的机会，她决定借钱买下一家洗衣店，以解决当时家庭的窘境。在那段日子里，她过上了双重生活，周一到周五，她在普林斯顿大学刻苦攻读学业。到了周末，她就会走出实验室，回到位于帕西帕尼的干洗店里，穿上白围裙帮忙。

1999 年，李飞飞从普林斯顿大学本科毕业，当时正值著名的大牛市，李飞飞和她的同学几乎都收到了来自华尔街银行和咨询公司的邀请。美国高盛公司曾答应给她一份高报酬的工作，这对她来说是一个很大的诱惑，毕竟这意味着可以减轻父母的经济负担。不过，她并没有接受。这个自从来到美国以后就饱受经济压力的乖乖女却少见地“叛逆”了一回，她决定去西藏研究一年藏药。在这之后，她又萌发了读博士的念头，父母支持女儿追寻自己的梦想。李飞飞选择去加州理工大学读研，开始研究人工智能和计算神经科学。在她读研期间，她的母亲患上了癌症，而且还有中风症状。李飞飞一方面要完成学

业，一方面要照顾患病的母亲，最终一家人都挺过来了。

博士毕业后，李飞飞选择了当时还不太流行的图像识别作为研究方向。图像识别技术，是人工智能发展道路上的一座高峰。简单来说，它就是要教会计算机看图说话。“看到”和“懂得”是不一样的。比如，你可以告诉计算机，“猫”就是有着圆脸、胖身子、两个尖尖的耳朵，还有一条长尾巴的东西。可是，如果图片是猫的非正常身体姿态，电脑就不知道怎么识别了。一个3岁小孩都能从图片中识别出“猫”，可是电脑却做不到。李飞飞研究了很长时间始终没有突破，朋友劝她换个方向，以便拿到终身教授的头衔，这就相当于终生的职业生涯有了保障，但她没有同意。有一天，李飞飞突然意识到，人眼每200毫秒就能获取一幅图像，一个3岁儿童可能已经获得了上亿次的图像识别训练，是计算机的几何级倍数。由此可见，要想进行图像识别，关键还在于自主训练量。

李飞飞从推特网上抓取海量照片，将它们统统打上标签后，训练计算机进行机器学习。这个过程是非常艰苦的。当时，李飞飞的实验室缺少人手，又申请不到经费。最困难的时候，她一度想重开洗衣店筹集实验资金。之后，她从亚马逊的众包平台中找到了解决办法，让网友一起给图片打标签。就这样，一个前所未有的庞大数据库建成了，这就是在业内知名的计算机视觉系统识别项目。如今，李飞飞在图像识别与人工智能领域取得了卓越的成就。

女孩该懂得的道理

当今，知识对个人成才和事业成功尤为重要。谁拥有知识和才能，谁就可以改变自己的命运。所以，想做一个有出息的女孩，就要相信知识的力量，努力学习，用知识和技能使自己变得坚强，迎接人生道路上的各种挑战。

知识放大点

人工智能，英文缩写为AI。它是研究、开发用于模拟、延伸和扩展人的智能的理论、方法、技术，以及应用系统的一门新兴科学。它是计算机科学的一个分支。

成长金点子

读书益处多

一本书往往是作者智慧的结晶，可以使人从中受益。古诗云，“腹有诗书气自华”。知识能真正成为人类心灵的一部分，可以使女孩显现出内在的涵养，表现出非凡的气质。

首先，读书可以丰富知识。古人说：“秀才不出门，却知天下事。”读书可以开阔视野，让自己变得博学多才，还能让自己明辨是非，懂得为人处世的道理。同时，女孩有了知识和技能，才可能做自己想做的事情，去实现自己的奋斗目标。

其次，读书可以减少浮躁。浮躁是当下许多女孩的共性，以至于有的女孩常常与人相处时显得幼稚和冲动。书籍能使女孩的心灵变得温暖和充实。所以，当你遇到烦恼的时候，不妨静下心来读一本书，以便消解烦恼和忧愁，获得精神上的轻松和愉悦。

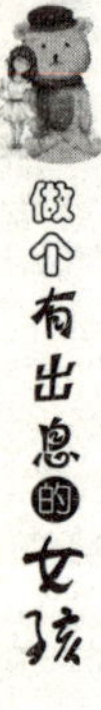

年少老道的“企业家”

☆★☆★☆

如今，科学技术在飞速发展，知识和技能需要不断更新，人们只有及时给自己“充电”，才能跟上社会发展的节拍，才不至于被时代淘汰。鲁迅先生说，“我们必须如蜜蜂一样，采过许多花，这才能酿出蜜来”。我们必须从书中吸收养分，丰富自己的知识，提高自己的才干，并灵活地运用于事业中。有一个美国小女孩就是这么做的。

德文·格林是美国有影响力的“企业家”之一。全美国的生意人都乐于听她讲述经营之道和绿色理念。令人意外的是，当时她只有11岁，却已经事业有成。那么，这个“大”老板是怎么成功的呢?

忙碌了一整天后，德文·格林来到第一国民银行，在存款柜台前排起队。轮到她时，她踮起脚，下巴靠在柜台上，要求营业员出一份账目报告。德文看了一眼，略加思索后说道：“投资基金行情继续看跌，但会上涨的。市场就是这样。”看来，华尔街的风风雨雨不会让她惊慌失措。

德文是一个年少老道的“企业家”，明确提出了绿色经营理念。1996年圣诞后的第二天，她看到垃圾箱里到处是被人丢弃的易拉罐，于是她决定废物利用。她将这些易拉罐拾进袋子里，对父母说要卖给工厂，并顺便赚几块钱。这个女“企业家”下午3点放学，然后她开始捡拾可以回收利用的物品，从易拉罐、钥匙到旧马达，废物的种类很多。她把这些废品运到金属回收工厂，每 100 千克废品，工厂会支付给她一张 55.36 美元的支票，然后她把支票存入银行。

年仅 11 岁的德文已订阅《华尔街日报》，十分关注环境保护问题。她在学校里学会了一句“口头禅”：“你是否知道一个易拉罐要 200 年才能分解掉呢？”每次作报告时，她总要说这句话。

德文经常演讲，通常她走上主席台，站在同她一般高的讲稿架后，向听众注目一笑，说道：“我叫德文·格林。我想请你们帮个忙。”随后，她开始讲述她的经历和她“改造世界”的梦想。听众每每为她的演说所折服，纷纷踊跃捐款。德文曾给百万富翁们讲授如何使资产增值；在动物保护组织和环保协会募捐活动上发表精彩演说；号召大家为穷人慷慨解囊。

其实，德文是一名出类拔萃的六年级学生，学习之余，兼做类似于打工的商业活动。她经营的公司是这样分配利润的：10%作为自己的打工酬劳，50%用于投资基金，30%捐赠给 53 家慈善组织，余下的 10%用于日常开支。

学习经商之余，她是一个天真可爱的女孩，爱玩耍，喜欢小动物，经常跟小动物嬉戏，她想修建一个动物之家，并希望能在迪斯尼动物乐园就职。德文觉得她有可能谋到这样一个职位，因为 2000 年她曾击败成千上万名女孩，被选为迪斯尼世界“千年梦幻女孩”。平时，德文也像其他女孩一样，喜欢交朋友，来自许多国家的小朋友给她发来电子邮件，她与他们经常联系。

女孩该懂得的道理

故事中的德文只是一名小女孩，课余时间学会自己开公司，虽然经营范围不过是回收废品之类的常见业务，但她会用支票，并用赚来

的钱投资基金，而且对公司利润制定了分配方案，说明小小年纪已经初步懂得如何经营。由此可见，年龄不是问题，只要勤奋学习，善于把聪明才智用于所从事的事业上，就一定能够做出成绩。

知识放大点

投资基金，是一种利益共享、风险共担的集合投资制度，起源于英国，盛行于美国，现已成为世界各地常见的投资方式。投资基金的投资领域可以是股票、债券，也可以是实业、期货等。

成长金点子

用知识迎接挑战

如果一个人不运动，身体就会衰老；如果一个人不学习，知识就会老化；如果一个人不善于运用知识，能力就会衰退。面对层出不穷的新知识和新技术，只有不断学习，才能迎接挑战。

当今的社会，企业在经营中充满了竞争，而竞争说到底是人才的竞争、科学技术的竞争，更是知识的竞争。所以，知识就是竞争力，知识决定个人的未来。只有不断学习知识，及时更新知识，才能在未来的竞争中获胜，实现人生理想。如果没有知识和技能，等于失去了与别人竞争的砝码，就难以在社会上找到自身的立足点。因此，要想做有出息的女孩，就要努力学习，树立终身学习的观念，用知识迎接挑战，靠才能实现自己的人生理想。

在阅读中升华表演天赋

☆★☆★☆

许多女孩喜欢演艺事业，从小就有当一名女演员甚至成为表演家、舞蹈家的梦想。实现这些梦想都需要读书学习。美国好莱坞著名女演员梅丽尔·斯特里普之所以在表演方面取得了巨大成就，这与她爱好读书是分不开的。

梅丽尔·斯特里普生于美国新泽西州一个叫萨米特的小镇。父亲是一个制药公司的主管，喜欢弹钢琴；母亲是一名艺术家，喜欢演唱。童年的时候，梅丽尔的母亲就教她演唱；12岁时，梅丽尔·斯特里普正式开始学习演唱，并希望成为一名歌剧演唱家。

然而，正当在瓦萨中学学习音乐的时候，她突然对表演艺术产生了浓厚的兴趣，于是她便放下了做一名歌剧演唱家的梦想。母亲看到女儿这个状况，对她说道："如果你想要成为一名卓越演员的话，那么就应该培养自己良好的读书习惯。因为不管是歌剧演唱家，还是表演艺术家，单靠技巧是远远不够的，你还需要对自我进行了解，对自身以外的世界进行关注，这些都是可以从阅读中获得的。"

中学毕业后，梅丽尔·斯特里普准备备考戏剧表演系。当时，她在表演上的准备并不充足，做出这个决定只是凭借自己的满腔热情。

梅丽尔·斯特里普将母亲的一席话牢牢地记在了心里，并开始专心阅读，为自己的演艺道路进行漫长的积累和准备，并最终获得了耶

鲁大学戏剧表演系的录取通知书。在大学学习期间，她加入了学校组织的戏剧小组，一边学习一边积极参加各种演出，积极积累舞台经验，挖掘自己在表演方面的天赋。

由于表演功底扎实，又因有读书习惯而升华的气质，斯特里普的演艺事业如鱼得水。1977 年，她的电影处女作《茱莉亚》令观众眼前一亮，无论是在舞台上还是在银幕上，她的表演总是会给人留下深刻的印象。

2011 年，梅丽尔 · 斯特里普出演了英国前首相玛格丽特 · 撒切尔夫人的传记电影《铁娘子》，并凭借此次演出获得了第 84 届奥斯卡奖、第 69 届金球奖、第 65 届英国电影学院奖等奖项的最佳女主角。2013 年，梅丽尔 · 斯特里普出演了《八月 ：奥色治郡》获得了第 86 届奥斯卡奖，成为两度捧得奥斯卡金像奖的女演员。

不要急着通过电视、电脑或是图书找答案，先自己动脑筋想一想。

古诗云，“腹有诗书气自华”。读书不仅可以使一个人获得知识和才能，而且能使自己的才能得以升华。从梅丽尔·斯特里普的经历中，我们不难看出，女孩只有努力学习，才能掌握表演技巧，才能在表演艺术的道路上越走越远。

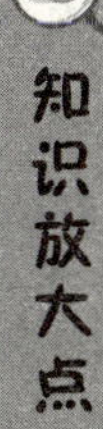

知识放大点

梅丽尔·斯特里普，1949 年出生于美国新泽西州萨米特小镇，好莱坞女演员，曾十五次入围奥斯卡奖最佳女主角奖，并凭借《苏菲的选择》和《铁娘子》分别夺得第 55 届、第 84 届奥斯卡最佳女主角奖，2017 年 1 月获得第 74 届美国电影电视金球奖终身成就奖。

成长金点子

读书要有选择

苏联文学家高尔基说：“书籍是人类进步的阶梯。”读书让人开阔眼界，丰富自己的知识；读书可以净化心灵，陶冶情操。

世界上，几乎每分钟就有一本新书问世，而且良莠不齐。我们的时间和精力是有限的，因此要有选择地去读书，否则不但浪费时间和精力，还会使自己的思维产生混乱，趣味变得低下。

古罗马哲人塞涅卡说："读书不在多而在精，有选择地读几本书效果反而更好，读书太滥只能满足消遣而已。"少年儿童可以选择知识拓展类图书，开阔视野，扩大知识面；也可以选择文史故事类，丰富自己的文史知识；也可以选择文学艺术类图书，丰富自己的想象力，陶冶情操，塑造良好的性格。

第八章

机遇往往偏爱有准备的人，成功常常垂青勤奋的使者

俄国物理学家列别捷夫说过："平静的湖面锤炼不出精悍的水手，安逸的环境造就不出时代的伟人。"每个人在其一生中，总会遇到大大小小的机遇。人常说，机不可失时不再来。只有那些有准备、有胆识的人，才能抓住机遇；有准备的人通常也是勤奋的人，成功总会垂青勤奋的人，就像被潮水冲到岸边的贝壳，只有赶早的才有机会捡到它。

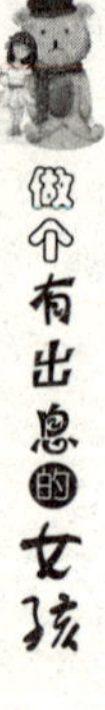

在中草药研究中发现青蒿素

☆★☆★☆

众所周知，诺贝尔奖是万众瞩目的世界性奖项，获得此奖意味着一个人在事业上取得了非凡的成就。屠呦呦因为创制新型治疗疟疾药物而获得诺贝尔生理学或医学奖，她是我国第一位获得此奖的科学家。她是如何取得这一伟大成就的？她的成功是来自于幸运，还是来自于勤奋呢？

1930年底，屠呦呦出生在宁波。她是家里5个孩子中惟一的女孩，名字是父亲起的，典出《诗经·小雅·鹿鸣》篇，“呦呦鹿鸣，食野之蒿”，意为鹿鸣之声。当时，并没人预料到诗句中的那株野草会改变这个女孩的一生。

据其家乡人回忆，屠呦呦读中学时，成绩也在中上游，并不是“拔尖”生，但她有一个特点，只要她喜欢的事情，就会努力去做。1951年，屠呦呦考入北京医学院药学系。在那个年代，身为女孩能够接受大学教育，可以说是很幸运的，这与她自身的努力是分不开的。因为当时能够考上大学的人本来就是极少数，女孩更是凤毛麟角。

大学毕业，屠呦呦被分配到中医科学院中药研究所工作，此后55年里，除参加过为期两年半的西医离职学习中医班，她一直默默地在进行中医药研究，几乎没有长时间离开过她工作的那座小楼。

1969年，屠呦呦所在的中医研究院接到了中草药抗疟的研发任务，寻找抗击疟疾的新药。起初有尝试中草药和针灸抗疟功效的研究小组，但没有中医科学院参与。直到1969年，为了加强中草药方面的研究力量，屠呦呦也随之参与了这一项目。当时她38岁，职称是助理研究员，因为具有中西医背景，而且工作勤奋，于是很快被任命为研究组组长，带领小组成员开始查阅中医药典籍，走访老中医，埋头于那些变黄、发脆的故纸堆中，寻找抗疟药物的线索。

中华传统医药宝库内容庞杂，屠呦呦带领小组成员耗时3个月，从两千多个中草药药方中筛出640个，经过研究又锁定到一百多个样本，最终入选的胡椒虽然对疟原虫抑制率达84%，但对疟原虫抑杀作用并不理想。青蒿是当时的191号样本，虽然曾经有过68%的抑菌率，复筛结果却一直不好。在很长一段时间，这种不起眼的菊科植物都不是研究小组成员们最关注的药物。

究竟哪一种中草药是理想的抗击疟疾的药物呢？屠呦呦在苦苦求索。在某一天深夜，她在阅读葛洪的《肘后备急方》时，从一个古方上获得灵感。这个古方上提示，取一把青蒿用两升水浸泡，然后过滤出青蒿汁让病人服用。但这个古方并没有详细说明提取青蒿素的过程，所以真实的实验却是繁复而冗杂的，用原始的方法提取青蒿素时，当生药中某些物质共存时，温度升高就会破坏青蒿素的抗疟作用。

经过一系列实验，仍然没有得到满意的效果。直到有一天，屠呦呦在深入研究的基础上，又结合此前所做的多次实验，她决定用沸点只有35℃的乙醚代替水或酒精提取青蒿。这样分离得到的青蒿素单体，虽然经加水煮沸半小时，但其抗疟药效稳定不变。看来，温度是提取青蒿素的关键，这正是屠呦呦研究组经过多次实验的结果。

后来，屠呦呦研究组成功地提取了青蒿素结晶，研发出了治疗疟疾的药物，为挽救世界上，特别是发展中国家的数百万人的生命作出了贡献。

女孩该懂得的道理

人往往只羡慕成功者的光鲜，不知道成功者背后的辛酸。屠呦呦和研究组成功提取青蒿素结晶，从中草药中寻找出了抗击疟疾的有效药物，背后是屠呦呦多年的勤奋努力和研究组无数次的实验。屠呦呦的成功来自于她的勤奋，她的灵感也是因为常年积累的结果。

知识放大点

屠呦呦，女，药学家，中国中医科学院的首席科学家，中国中医研究院终身研究员兼首席研究员。长期从事中药和中西药结合研究，突出贡献是创制新型抗疟药青蒿素和双氢青蒿素，可以有效降低疟疾患者的死亡率。2015 年获得诺贝尔生理学或医学奖。2017 年获得国家最高科学技术奖。

成长金点子

勤奋成就事业

高尔基说过：“天才就是勤奋。人的天赋就像火花，它既可以熄灭，也可以燃烧，而促使它熊熊燃烧的办法只有一个，那就是勤奋。”其实，同学之间在智力上的差别是很小的，对学习成绩的影响几乎可以忽略不计；同学之间在勤奋上的差别则是明显的，正是这种差别往往造成了同学之间在学习成绩上的差异。

勤奋是成就一切事业的基础。俗话说："只要功夫深，铁杵磨成针。"在古代，孙敬"头悬梁"苦读，成为大学问家和政治家；苏秦"锥刺股"勤学，挂上六国相印；祖逖"闻鸡起舞"苦练，成为国家的栋梁之才。现代著名数学家陈景润，如果不是废寝忘食地演算，又怎能摘取到数学家的皇冠呢？"书山有路勤为径，学海无涯苦作舟"。这两句古语勉励我们，要想做一个有出息的女孩，只有把勤奋作为一种习惯，把习惯升华为素质，才能为将来成就事业打下坚实的基础。

农家女靠勤奋成为专家

☆★☆★☆

女生小芳和男生小明生长在同一个村子，他们是儿时的玩伴，从小学到高中，他们被分在同一个班里，做了12年同学。

在小学阶段，小芳的成绩一直不太好，学习成绩属于中等偏下，在班级里从未被选出参加过各类竞赛；在中学阶段，尽管她学习刻苦，但成绩却毫不出色，依旧默默无闻。

初中毕业后，小芳和小明都考到了县城读高中，那时，当年与小芳一个村子的成群结队的身影只剩了四个同学，只有小芳一个女孩。高中三年是艰苦的，小芳把精力全部用在学习上，每月一次的探家假她也省了，每次都让同村的小明给她捎点饭费回来。尽管如此，直到

最后模拟考试时，小芳的成绩也只是从下游勉强升到了中游。在老师和同学眼里，凭她的成绩考上本科几乎是不可能的，能够考取本省一所高等专科学校也就不错了。

高考结束后，出人意料的是，小芳的高考分数恰好刚刚过了本科录取线，结果被外省一个名不见经传的大学录取了。尽管她成了班里高考的“黑马”，但所有的人都不看好她的前途和专业。

一晃大学毕业了，因为小明上的是一所名牌大学，读的又是热门专业，毕业后很快找到了工作。小芳毕业后几个月没有找到合适的工作，于是在家里整天和父亲去大棚浇菜。有一次，小明回家乡，在街上遇到小芳，她不好意思地说：“工作不好找，打算考研，可是没把握。”小明知道她的英语四级考了三次才勉强通过，考研对她来说确有难度，敷衍她说：“不如试试，不行也就死心了。”

第二年春天，小芳居然考上西安一所名牌大学的硕士研究生。别人觉得考上研究生，压力就小了，小芳却抱着书本苦读，她在网上聊天对小明说：“学习很吃力，争取按时毕业。”小明想，凭她的智商和学习能力，要想顺利毕业肯定要下一番功夫。

也许是别人的倦怠成就了她。研究生毕业时，小芳因为成绩优秀被保送博士连读。这次她有些犹豫，怕自己学不会难以毕业。她的父亲却鼓励女儿：“这是多么难得的机会啊，一定要去读！”小芳回到学校，心无旁骛，丝毫不敢放松。

快要毕业的时候，小芳被学校推荐公费赴美留学。小芳和认识她的人都感到有些意外。当初申报的人较多，比她成绩好的人也不少，为何导师最后力荐小芳呢？其实只有一点：她在学习上比其他人勤奋！正是因为小芳学习勤奋，导师才推荐了她。

小芳留学的那所大学的“高分子材料学”是世界排名第一。在留学期间，她依然勤奋学习，认真做试验，毕业时已经在国际权威杂志上发表过几篇论文，成为业内年轻的专家。

女孩该懂得的道理

学习上，当时处在同一起跑线的女孩，有的人因为勤奋而继续保持领先地位，有的人却因为懈怠而被甩在了后面。事实上，即使是天分普通的女孩，只要勤奋学习，持之以恒，就会迎来自己的春天。

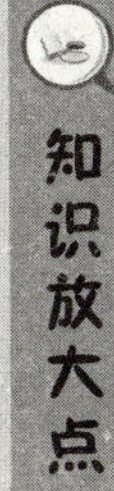

高分子材料，也称为聚合物材料，是以高分子化合物为基体，再配有其他添加剂所构成的材料。合成高分子材料具有密度小、耐磨、耐腐蚀、电绝缘等特性。高分子材料学是把材料科学、化学工程学科等相结合的一门学科。

成长金点子

如何养成勤学的习惯

第一，惜时。就是要在学习上舍得花时间，把大部分时间用在学习上。当勤奋学习成为一种责任，就会更加珍惜时间。古今中外，一切在事业上有成就的人，总是比一般人更珍惜时间学习。鲁迅先生像海绵挤水一样，挤出点滴时间看书，把别人喝咖啡的时间都用在写作上。

第二，好问。在学习中，我们会遇到许多问题，有的可以通过自己的刻苦钻研加以解决，而自己所不能解决的就要多问，可以向老师和同学请教。同时要摸索适合自己的学习方法和学习规律，让自己体会到学习的乐趣和好处。

第三，多读。古人云，“读书破万卷，下笔如有神”。课外阅读对于开拓视野、丰富知识、提高阅读与表达能力具有重要作用。除了教科书，我们还要有选择性地涉猎各类书籍，以增加知识积累，拓宽知识面。

第四，善思。在学习过程中，要开动脑筋，多问几个为什么，学会思考问题，敢于提出问题，在追问中成长。

普通女生也能上大学

☆★☆★☆

拥有知识才能实现人生梦想。女孩要想在社会立足，就要靠真才实学，因而只有不断地充实自己，努力地提升自己的价值，将来才能做出一番事业，进而实现自己的梦想。高中毕业后考上大学是许多女孩的一个目标。要实现这一目标，就要努力学习。

李静是一个爱看书的女孩。从小学到初中学习成绩一直很优秀，可是，初三的时候，她迷上了网络，学习成绩开始退步。中考的时候自然就会受到影响，只差几分未达到重点高中的录取线，但上普通高中没有问题。

父母希望女儿再补习一年，打好基础再参加中考，来年上一所重点高中。李静是个自尊心很强的女孩，她说："那多丢人呀，别人认为我多落后呢？我一定要跟班走，上不了重点高中就上普通高中，上高中后争取把落下的地方补上去。"父母同意了女儿的意见，就让她上了一所普通高中。

自从李静进入高中后，父母发现女儿变了。她把电脑从她的房间搬了出来，一些影响学习的东西都被她清理出了房间。学习比以前用心了，成绩虽然比以前有所提高，但没有达到她期望的结果。老师指出其中一个原因是，李静在初中阶段没有打好基础，对一些知识应用不熟练。

明白了自己欠缺的地方和原因所在，李静一边学习高中阶段的课程，一边利用休息时间查缺补漏，抓紧弥补欠缺的地方。经过一年的努力，她几乎把初三的课程全部温习了一遍。打好了初中基础知识以后，李静学习高中课程就觉得轻松了许多，虽然学习成绩仍然处在中等，但她比以前自信了许多。她相信自己在学习上会发生质的飞跃。

有一次，班主任在班上谈起报考志愿的事情。李静说她想报考一所知名大学，并说出了这所大学的名字。班上的许多同学都觉得她成绩中等，竟然还想考知名大学，真有点不自量力。班主任鼓励她说："你想报的这所大学属于'211 工程'高校，现在刚上高二，还有两年的时间，只要勤奋学习，实现自己的梦想不是毫无希望，关键看你自己怎么度过这两年时光。"

自从听了老师的话，李静的学习劲头更足了。每天放学途中记忆汉语词语；在盥洗池旁贴一张词汇表，每天刷牙时熟记一个英语单词；记笔记时，对自认为可能会考的知识点格外注意，课下根据这些知识点自编模拟题。如果哪里答得不圆满，回过头来再复习，把不会的单独拿出来，找老师问个明白。

这样过了两学年，李静的学习进步很大。到了高考时，老师和班上的同学早已忘了李静当初的志愿。当高考成绩下来后，李静的高考成绩在全年级里名列前茅，班上许多同学感到惊讶！后来，李静被她心仪的一所全国重点大学录取，班上所有同学都向她投来羡慕的目光并送来衷心的祝贺！

女孩该懂得的道理

小学的女孩想在毕业后上一所好初中；初中的女孩想在毕业后上一所重点高中；高中的女孩想在毕业后上一所名牌大学。而实现这些愿望的前提都是勤奋学习。即使你在某一阶段对某些知识有所欠缺，只要努力，仍然有机会弥补；如果不努力，这些愿望也只能是空想。

知识放大点

“211 工程”，即面向 21 世纪、重点建设 100 所左右的高等学校和一批重点学科的建设工程，于 1995 年 11 月经国务院批准后正式启动。这是中国政府实施“科教兴国”战略的重大举措，是中华民族面对世纪之交的中国国内外形势而作出的发展高等教育的重大决策。

成长金点子

勤能补拙

学使人智，勤能补拙。一个人天赋再高，没有勤奋，也不可能走向成功；相反，一个人天赋并不高，但知拙而勤奋，也可抵达成功的彼岸。

我国数学家华罗庚读完中学后，因为家里贫穷就失学了，在家努力自学，牢记“勤能补拙是良训，一分辛苦一分才”，最终成为著名数学家。

奥运冠军、原中国女子羽毛球队主力队员龚智超 8 岁那年，一次很偶然的机会，迷上了小小的羽毛球。但她个子矮、力量小、身体单薄，纯属于先天条件不足。当教练告诉她勤能补拙的道理以后。她就在训练馆里每天都穿着装有沙袋的训练服练步法、打球、跳绳、跑步。不管走到哪里，她都随身带着一个铅球，以增加握拍的力量。她天天想着要比别人多练，希望教练多指点，希望多和强对手训练。正是因为这些措施使她终于超越了同龄的选手。

所以说：读书改变命运，勤奋决定未来。做有出息的女孩，就要勤奋学习，使自己能够顺利升入高一级学校学习，为将来实现人生理想创造条件。

女大学生的新追求

☆★☆★☆

相比高三时复习冲刺的节奏，有的同学认为大学生活无疑是闲适的，于是就融化在了轻松愉悦的校园中。而有的同学则认为大学依旧充满挑战，容不得有些许懈怠，相信勤奋总会成就美好未来。

2012 年 9 月，在浙江大学宁波理工学院数以万计的学子中，有一位名叫厉宇燕的女孩，和多数大一新生一样，满怀着对大学生活的期待与憧憬踏入了大学校门，她就读的是宁波理工学院计算机科学与技术专业。宁波理工学院享有浙江大学“立交桥”政策，从每年新生中选拔 1% 的优秀学生进入浙江大学本部就读。

厉宇燕在填报志愿时，就是抱着对浙江大学的无比向往才选择了宁波理工学院。同学们得知厉宇燕想通过相关考试进入浙江大学本部，纷纷劝她放弃：“报考‘立交桥’选拔很辛苦，你能坚持住吗？”厉宇燕却笑着说：“从小学到高中的 10 多年都坚持下来了，还在乎再辛苦这几年？”说起来容易，真要走这条路并不是这么轻松。此后的日子里，食堂、教室、寝室，“三点一线”的生活成了厉宇燕生活的主旋律。每天，她在图书馆学习的时间超过了在寝室的时间，每天日程安排不是以小时计算，而是精确到了分。在别人为课内作业烦恼时，她已经把两本课外书上的练习题都做了一遍。勤奋地学习和不懈追求的精神，使她成了全专业有名的学霸。

除了紧张的专业学习和备考“立交桥”外，厉宇燕每周三还要到教育机构兼职，同时还需准备校级辩论赛。繁重的学业、紧张的备考和临时参与的比赛，使她养成了晚睡早起的习惯，时常学到午夜，第二天依旧6时准点起床。部分同学对她如此勤奋完全不理解，问她“上了大学为什么还要如此拼搏？”厉宇燕对此总是报以友好的微笑。

一次英语考试，厉宇燕的成绩不理想。正是对自己不满足的严苛，鞭策着她朝着既定的目标前行。经过数月如一日的努力，她的英语水平迅速提高，先后通过了学年测试、英语六级测试等考试。

通往浙江大学的道路是艰辛而漫长的，但勇往直前的远行者注定不会孤独。每当厉宇燕遇到困难时，许多老师和同学都来鼓励和帮助她，并一次次为她解决学习和生活上遇到的问题。

机遇总是垂青有准备的人。2013年9月，厉宇燕被浙江大学录取了，她成为浙江大学地理信息系统专业的一名学生，实现了走进浙江大学本部的人生抱负。此时，她兴奋、感动，更是对自己的付出感到骄傲。

女孩该懂得的道理

英国生物学家达尔文说：“我在科学方面所作出的任何成绩，都只是由于长期思索、忍耐和勤奋而获得的。”其实，同龄人的智力和学识是大致相当的，要想成为学业优秀的女孩，只有勤奋学习，才能超越别人。

知识放大点

浙江大学“立交桥”政策，是指每年在一年级学生中，选拔1% 的优秀学生于二年级进入浙江大学试读，试读期限一年，达到浙江大学修读课程要求的学生就会获得浙江大学的正式学籍。

成长金点子

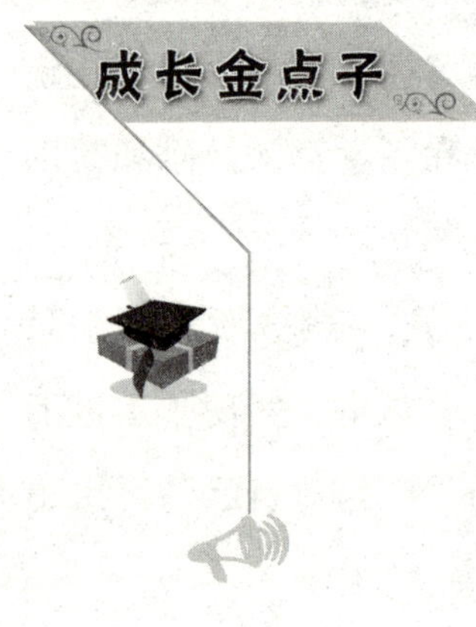

常用读书法

标记读书法。在读书的过程中注意在书中做出必要标记，同时别忘了做读书笔记。这样能够帮助记忆，掌握书中的难点、要点；有利于你储存资料，积累写作素材；也有利于扩大知识面，提高综合分析能力。

比较品读法。在阅读的过程中，一次读几本书进行比较对照，取其精华，提高自己的鉴别能力。

一目十行法。看书一目十行，不是从左向右来读，而是从上往下看，像下楼梯一样。因为有些书含金量太少，只须浏览即可；有些书则是包罗万象，内容庞大，所以应先速览而后决定是否需要精读。更快的方法也称之为“跳读”，就是抓住文章梗概、主要事件或中心论点，剪除枝叶，补叙、背景、引文等内容，跳过去不读。

字斟句酌法。有些好的作品信息量大，句句精髓，大段速读，难免会消化不良，所以必须边读边加以思考。读这类书应该是先大体看一遍，然后再仔细研究品味，这种方法特别适合读经典。

读书小卡片。摘录书中内容用的卡片对于收集、积累资料有着重要作用。在读书中发现重要的资料、观点及有意义的段落，应及时摘抄或复印下来，作成卡片分类保存，这样既可以避免遗忘，对今后的学习也非常有益。

华尔街上的女精英

☆★☆★☆

在当今的社会里，女孩拥有一张文凭，应聘时会多一份自信。其实，没有文凭的女孩也不必自卑，只要在某一行业勤奋学习，不断提升自己，也能开辟出一片天地。

席菠德大学还没念完就辍学了，但她却拥有10个名誉学位。她和很多成功人士一样，虽然少了一张毕业证书，但不能说她没受过教育。她上学的地方，是全美国最好的大学之一，也就是“社会大学”。从这个大学拿到的学位，等于是成功的保证，因为在那里学到的，远比象牙塔里所传授的理论要实际得多，而且更有价值。

席菠德是个非常有毅力并且勤奋的女人，她不会因为遇到阻碍就退缩。她出身寒微，却在被誉为美国金融中心的华尔街开拓出一片自己的天空。她在成为别人尊称的“华尔街女皇”之前，一路走来也受过很多委屈，吃过不少苦头。华尔街的男人曾经多次想把她排挤出这个圈子，但都没有成功。

席菠德是席菠德公司的老板。这是一家提供折扣佣金的证券经纪

商，是席菠德从零开始一手创建起来的公司。不过，她可不是一开始就是华尔街上流社会的成员。事实上，当这个来自俄亥俄州克里夫兰的新面孔初到华尔街的时候，甚至连最基层的位置都进不去。

刚开始的时候，席菠德真是到处碰钉子，样样都不顺利。她有个表哥，曾担任过美国驻联合国大使。不过，她没办法给他从事外交工作所必备的条件，也就是大学文凭和第二外语的能力。所以她应征联合国的工作时，因为只会说一种语言，结果无果而归。

接着，席菠德试着向华尔街应聘工作。当时华尔街有名的美林证券公司也因为她没有文凭而拒绝了她。于是，下一次找工作的时候，她就说自己是个大学毕业生。这一招果然管用，巴克公司录用了她。后来，她向纽约证券交易所申请会员席位的时候，才说当初撒谎了。那时候，她已经证明一个人只要有勇气和足够的努力，就算没有大学文凭，也照样可以在华尔街出人头地。

后来的一切都是她努力的结果，她时常笑着说："我的金山都是我的勤奋换来的。"

女孩该懂得的道理

勤奋是人生的财富。只要我们拥有健康、智慧和双手，通过自身努力就可以在某一领域闯出一片天地，创造美好的未来。而即使我们受过良好的教育，拥有一流名校的文凭，如果不勤奋不努力，依旧难以在社会上立足，更别提实现自己的人生梦想了。

华尔街是美国纽约市曼哈顿区南部的一条街名，全长500多米，宽约11米。这里是美国企业垄断组织和金融机构的所在地，是美国的金融、证券交易中心。华尔街因此也是美国垄断资本、金融和投资高度集中的象征。

知识放大点

成长金点子

改掉懒散的习惯

在学习和生活中，有的女孩比较懒散，学习上拖拖拉拉，生活没有规律。这都是成长道路上的绊脚石。做一个有出息的女孩，就要坚决改掉懒散的习惯。

第一，养成良好的作息习惯。为自己制订一份作息表，每日按时起床，按时上学，按时完成家庭作业，按时休息。只要养成有规律的生活，就会逐渐克服懒散的习惯。

第二，在家里做一些力所能及的家务劳动。从生活中的小事做起，例如：洗衣服、洗袜子，擦洗地板、收拾房间，择菜、洗菜、洗碗筷等，通过家务劳动改掉懒散的毛病。

第三，培养独立解决问题的习惯。学习和生活中缺乏主见，遇到问题喜欢依赖父母和同学，这是懒惰的重要表现。因此，要尝试自己独立解决问题，并有意识地进行训练。

第四，用兴趣来激发学习动力。兴趣是勤奋的动力之源，可以有

效地克服惰性。因而，女孩要积极培养和发现自己的学习兴趣，变被动学习为主动学习，从学习中体会到快乐，久而久之就会改掉懒散的习惯。

第五，坚持体育锻炼。有的女孩身体虚弱，学习时容易疲倦。女孩要想在学习中保持旺盛的精力，就要养成锻炼的习惯，增强体质。这样坚持一段时间就会精力充沛，自然就能战胜懒散了。

第九章

前行的路上五彩缤纷，专注目标才能成就梦想

如今，互联网连通外面的世界，智能手机和社交软件丰富了人们的日常生活，五花八门的游戏可供人消遣，题材多样的影视剧由人选择，层出不穷的各类“海选”不时引人关注。这种种诱惑都在吞噬着少女的专注力，以至于有的女孩今天想成为科学家，明天又想当表演家，后天又想成为主持人。梦想总在变化，努力的目标不确定，势必影响人生规划。事实上，只有专注目标的人，才能实现自己的理想。

不改初衷登上艺术殿堂

☆★☆★☆

许多女孩有才艺，梦想成为歌唱家、舞蹈家。然而，在追求梦想的道路上，往往不是一帆风顺的，挫折常常是不期而至，似乎都在有意考验我们的承受力。

罗莎琳从小喜欢唱歌，她的梦想是当一名歌剧明星。中学毕业后，罗莎琳学了 8 年唱歌，花费了大量的精力和钱财，仍然没有跨进歌剧院的大门。罗莎琳的父亲已倾尽了全力，此时，她父亲已经年迈，健康状况也是每况愈下，不久，便关闭了为支持罗莎琳的唱歌梦想而开办的鼓风机制造工厂。

为了支付每周的房租，罗莎琳加入了教堂里的唱诗班；为了寻找工作，她不停地在街头徘徊，挤在几百个同她处境相似的“歌星”的行列里，以谋求一个试听的机会。但是，罗莎琳每次得到的答复几乎都是同样的：“对不起，这里没有名额了。”

到处碰壁，生活没有着落，罗莎琳因此而多次悄悄地抽泣，最后几乎要放弃她的梦想了。她在给家里的信中写道：“我正准备做最后一次尝试，如果再不成功的话，就不想再坚持了。”

就在这时，罗莎琳听说苏黎世（瑞士联邦的最大城市）的国家歌剧院需要一名青年歌手，于是便借钱去了瑞士。到达苏黎世后，她径直走进了国家歌剧院。但是，剧院经理却冷冷地对她说：“对不起，今年我们所需要的演员已招聘满了。”

“我从3000里之外赶到这里，就是想让您试听一下。”罗莎琳并不因剧院经理的冷遇而马上离去，“请您让我试唱一首吧。”她也不管剧院经理同意与否，亮开嗓门就唱了起来。随即，剧场经理被她那圆润甜美、感情深沉的歌声打动了。

“等一等，”剧场经理说，“你要唱的话，我也得给你找一个伴奏的呀！”试唱结束，剧院经理当场聘用了她。罗莎琳便成了苏黎世国家歌剧院的主要演员，渐渐地，她在瑞士赢得了声誉。

罗莎琳23岁的时候，从欧洲回到美国度假。有一天，罗莎琳的父亲犹豫了好一阵，开口问道：“罗莎琳，你什么时候才能体面地回来？我的意思是说，你什么时候才能到纽约的大都会去演唱呢？”

罗莎琳自信地说：“我很快就会到那里去演出的！”

父亲疑惑地问道：“他们邀请你了？”

“他们还没有邀请我，但是他们会这样做的，假如……假如明年冬天我在日内瓦声乐比赛中获胜的话。”

“你说在日内瓦的什么比赛中获胜？”

罗莎琳笑了笑说：“那是国际性的声乐比赛，全世界优秀的青年歌唱家都会参加的。在这个比赛里，还没有哪个美国人获胜过呢。”

过了大半年，国际声乐比赛在日内瓦开幕了。在这次比赛中，罗莎琳演唱了一曲难度极高的咏叹调，一般歌手是不容易唱好的，但罗莎琳却发挥得淋漓尽致。她演唱完毕，现场观众和整个乐队的演奏家们全都站了起来，对她抱以热烈的掌声，就连欧洲歌剧巨星伊丽莎白·舒曼也站起来为她鼓掌。

罗莎琳从众多比赛选手中脱颖而出，一举夺得第一名。当罗莎琳走下舞台时，几家著名的剧院都希望与她签约，其中就包括美国纽约的大

都会剧院。就这样，经过多年的努力和坚持，罗莎琳终于如愿以偿了。

【女孩该懂得的道理】

执著成就艺术，平凡铸就伟大。一位哲人说过：成功之秘诀在于不改变既定的目标。女孩有梦想并为之付出是值得鼓励的，唯有那些能够坚持不懈的女孩，才能如愿以偿。

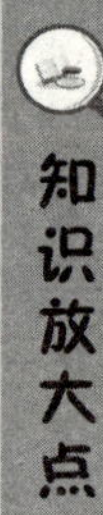

知识放大点

咏叹调，是一个声部或几个声部的歌曲，现专指独唱曲。它以优美的旋律表现出演唱者的感情。咏叹调可以是歌剧、轻歌剧、神剧、受难曲或清唱剧的一部分，也可以是独立的音乐会咏叹调。

成长金点子

专注必有收获

美国著名思想家、诗人爱默生说："专注、热爱、全神贯注于你所期望的事物上面，必会有所收获。"正如现在人们所说的专注成就未来。因为专注能够孕育出巨大的觉察力与思考力，发现思维的乐趣，挖掘出自身的能量，为实现自己的人生目标而努力。只要我们认定目标，持之以恒，"咬定青山不放松"，我们就一定能在某一领域有所收获，有所成就，甚至做出一番事业。

当我们缺乏专注力的时候，很容易被现实中各种诱惑所驱使，背离自己的努力方向，到头来发现自己在做无用功。即便脚下有宝藏，今天在这里挖掘，明天又在那里挖掘，不断转移地方，始终达不到发现宝藏的深度，最终只能与宝藏失之交臂。

专注细节发现创新灵感

☆★☆★☆

在学习和生活中，许多人不曾注意到的细节，却是有心人触发灵感的地方。

1986 年，国家专利局受理了八岁女童吴超的一项发明专利。这项专利的名称是“方便蚊香灰盘”。这条消息传出后，让人们感到惊奇的是：一个小女孩居然发明专利，国家专利局竟然还受理了她的发明权申请。

吴超是浙江省东阳市吴宁镇三年级学生，自幼善于观察生活中的各种细节。她的父母都受过高等教育，经常在一起讨论学术问题，尽管小吴超听不懂，他们还是让女儿旁听甚至一起参加讲座，从小就使她在科学知识上得到了熏陶，培养了她对科学的兴趣和爱好。

有时候，父母还带小吴超到工厂和学校的实验室参观，给她讲解机器、仪器设备的名称、用途及原理，引导她留意各种细节。每逢到了节假日，他们还带着女儿外出参观，去动物园认识各种动物，并了解它们的习性；去植物园认识常见的植物，了解其生长特征；去户外游玩，欣赏大自然的景色；参观美术、书法、科技等展览，提高人文

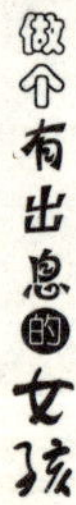

和科技方面的素养；逢年过节还组织家庭演唱会、赛诗会，丰富家庭的文化生活。小吴超生活在这样的环境下，开阔了视野，增长了知识，提高了兴趣。

天长日久，父母在女儿身上倾注的心血终于结出了丰硕之果。那年夏天，天气炎热，蚊子又多，为了驱赶蚊子，吴超家中每夜要点四盘蚊香。早晨一起床，小吴超做的第一件事，就是打扫散落在地上的蚊香灰。因为水泥地粗糙不平，蚊香灰很难打扫干净。一般人看到这种状况觉得习以为常，根本不会放在心上，更不会想到发明新型设计专利。

然而，这个看似微不足道的细节问题，却引起了小吴超的关注。她寻思着做一个可以接蚊香灰的容器，改进蚊香灰散落在地上的问题。在父亲的鼓励和支持下，小吴超凭着自己的想象，画出可以接收蚊香灰的圆形盘子，随后她找来了材料，并开始动手制作蚊香灰盘。经过多次试制改进，终于做成了可开可合、既灵巧方便又安全可放多种多样蚊香的“方便蚊香灰盘”。

“方便蚊香灰盘”的制作成功，虽然不是一项伟大的发明创造，但确实解决了人们日常生活中的具体问题，因而很快获得了专利，并得到了推广。

女孩该懂得的道理

小吴超获得发明专利的故事告诉我们，只要我们时刻留心身边的一切，关注生活中的各种细节，就会有意想不到的收获。同样，人生就如一座金字塔，构成金字塔底座的并不是惊天动地的大事，而是一件件平凡的小事，只要我们养成关注生活细节的习惯，做好每一件小事，由小聚大，就会登上人生的金字塔。

知识放大点

发明专利是受法律保护的民事权利。可以获得专利保护的主要有发明、实用新型和外观设计三种。申请专利需要办理登记手续，获得专利授权后需要缴纳年费。任何单位或个人使用专利产品需要经专利权人许可。通常专利权人通过授权获得经济收益。

成长金点子

如何培养专注的习惯

古人云：水滴石穿，绳锯木断。人们专注于一件事，就会产生期望的效果。做一个有出息的女孩，要从小事做起，让专注成为习惯。

首先，在学习上设定小目标，培养专注的习惯。比如在上课之前，在心中为自己设定一个目标：理解和消化老师在课堂上所讲的大部分内容。实验证明，女孩做好这种心理准备，带着问题听课会使自己注意力集中，结果是老师在课堂上所讲内容接近一半都能理解和掌握。

其次，用想象法培养专注的习惯。就是把平常做作业想象成重要考试。尤其是在课堂上经常“走神”的女孩，可以把每一节课都想象成一次重要的考试，全神贯注；可以把每一次作业都想象成一次重要的比赛，认真作答。久而久之，注意力就自然而然地集中了。正如数

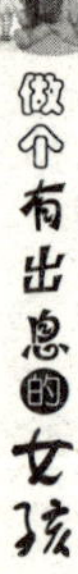

学家杨乐所说："平时做作业像考试一样认真，考试就能像做作业一样轻松。"

最后，用自我暗示法培养专注的习惯。可以写几张小卡片，在上面写上"专心听讲""少壮不努力，老大徒伤悲"等名言警句，放在醒目的位置。平时只要一看到这些警示，就会提醒自己"一定要专心"！慢慢地就会养成专注的习惯。

专注画猴成就小画家

☆★☆★☆

许多女孩喜欢画画，同样是画一个动物，有的画出来形态逼真，有的画出来模棱两可。

其中的差别就在于专注力和观察力的不同。专注可以使人得到意外的收获；可以让人在平凡的岗位上做出惊人的事业；可以让一副儿童画作成为艺术杰作。

壮族女孩王亚妮从小就喜欢画画。她从3岁开始，就经常学着爸爸的样子，用胖乎乎的小手，拿一支画笔，神情专注地在纸上涂抹。小亚妮的父亲是一位教育家，为了把小亚妮培养成画家，他经常带她去欣赏大自然，去动物园里观察各种动物。

小亚妮喜欢机灵活泼的猴子。猴群嬉戏追逐，千姿百态，引起了小亚妮的兴趣。她似乎也有一身"猴气"，像一只顽皮的小猴子一样，蹦蹦跳跳地上了猴山，和猴群尽情地玩耍，在与猴子玩耍的过程中，她仔细地观察猴子的动作，猴子们攀援跳跃、抓耳挠腮、兴奋失落的神态，全都落入她的眼里，牢牢地记在心上。由于观察细微，小亚妮能够神奇地画出了猴子深层次的神韵。渐渐地，小亚妮爱上了画猴子，她一遍一遍地专注于画猴子，猴子在她的画里越来越有灵气了。

1985 年，10 岁的小亚妮第一次出国在日本举行个人画展，并且引起了轰动，前来观展的观众对小亚妮的画作赞不绝口。当地的一家杂志发表了一篇文章，称赞王亚妮的画作，并被日本画界誉为“东方的毕加索”。

1989 年，小亚妮 14 岁，已经成为一名小画家了。她的画展在华盛顿立沙可乐博物馆开幕，展出的 69 幅作品，再次引起轰动。她的画和她自身一样，都是那么的天真烂漫，纯朴善良，充满童趣。其中一幅画作《百名刻图》有 6 米多长，画着 112 只猴子，个个神态各异，充满情趣，引发了观众的赞叹。

女孩该懂得的道理

观察是获取知识的重要环节，专注是成就事业的重要前提。只要在学习和生活中养成专注的习惯，自然就会具备良好的观察能力，这不仅会提高自己的判断能力，而且会激励自己的学业和某一特长不断进步。

知识放大点

教育家，是指通过亲力亲为的教育实践创造出重大教育业绩，对一定时期、一定范围内的教育思想和实践产生重要影响的优秀教育工作者。教育家从个人贡献领域可分为教育思想家、教育理论家、教育实践家、教育事业家等。

成长金点子

专注的力量

专注就是集中精力做好某一件事，不达目的决不罢休。任何一项事业都需要专注，专注可以令人获得成功。

对女孩而言，想拥有专注的力量，就要从专注听课、专注写作业做起，专注学习可以听懂难懂的问题，背会难记的单词、公式和定理，解答一道道的难题，让你扫除学习中的障碍。

平时关注每一件事，直至顺利完成。只要养成专注的习惯，就会因为顺利地完成一件事而产生成就感，进而增强自信心，并激励自己不断进取，在成才的道路上越来越顺利。这是帮助女孩走向成功的力量。

在现实生活中，有的女孩在课堂上，没有认真听讲，偷偷翻看课外书籍；在家里，一边写作业，一边看电视；缺乏持久的爱好；这个没有学会，又想学那个；做事不能善始善终，这件事没有做完又想着做另一件事。这些都是缺乏专注的表现，也都是需要努力改进的地方。

“神童”是这样炼成的

☆★☆★☆

苏联作家高尔基说：书籍是人类进步的阶梯。读书是我们获得知识营养的重要途径。每天坚持课外阅读，并专心致志地读懂书中的内容，就可以成为一名聪慧的女孩。

珍妮从小喜欢读书。上小学的时候，学校图书馆里的少儿图书，尤其是科幻小说，已经被她读完了。父亲给她买了一套查理·布朗的《儿童百科全书》，她也很快读完了。小伙伴们都感到惊讶和佩服，称她是“读书大王”。

后来，在身边已找不到没有看过的少儿图书，珍妮又开始阅读世界巨著。当她把能找到的图书全部看完后，一时没有新的图书补充，满足不了她的阅读欲望，于是她就开始翻阅字典。

令人惊奇的是，珍妮不仅阅读速度惊人，而且读过的内容基本上可以记住。常年坚持阅读，使她积累了比其他女孩更多的知识。知识视野比较开阔，思维和写作能力也明显超过了同龄人。正是因为珍妮从小博览群书，使她比其他同龄人的知识面更丰富，所以珍妮不满12岁，就被美国加州大学录取为本校大学生。

入校后，珍妮在该校攻读犯罪法律学及舞台艺术，虽然这两科是完全没有关系的课程，但她的学习成绩都是“A”。

12岁时，珍妮接受了一项全美数学及英文测验，被认定为智商

高达 160 分以上，按照通常的标准，凡智商达到 130 分的人就已是天才了。

几年后，珍妮轻松地获得了学士学位，又顺利地获得去哈佛大学法律学院深造的资格。

女孩该懂得的道理

珍妮长年累月保持专心致志的阅读习惯，间接锻炼了思维能力，促使她的智商得到了充分发育，因而成为“小神童”。作家易卜生说：“读书不能囫囵吞枣，而要从中吸收自己需要的东西。”我们只有专心致志的读书，才能从书中汲取知识营养。

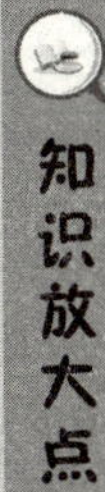

《飘》亦译作《乱世佳人》，是美国女作家玛格丽特·米切尔创作的一部长篇小说。该书于1936年首次出版。小说以美国亚特兰大以及附近的一个种植园为故事场景，描绘了内战前后美国南方人的生活。这部小说是经典爱情巨著之一，曾多次被拍成电影。

成长金点子

如何培养学习兴趣

学好各门学科是女孩的首要任务。有兴趣就会主动学习，并能提高学习效率。对学习的兴趣可以从以下几方面培养。

第一，激发自己的求知欲。在学习中要保持好奇心，遇到问题积极寻求正确的答案。自己感到学有所获，有了成就感，就会增强自信，就可以有效地激发学习新知识的兴趣。

第二，主动帮助别人。如果一个人被赋予超过自身能力的责任，就会表现出不同以往的能力。在学习中，主动帮助和辅导成绩比自己差的同学，为其讲解难题。在讲解过程中，既能复习所学知识，又会获得一种成功的欣喜，学习的积极性自然就会提高，学习方法也得到了改善。

第三，学会兴趣转移。没有天生就对学习感兴趣的学生，也没有天生就厌烦学习的学生。如果只是把眼光盯在课本上，就可能使人对

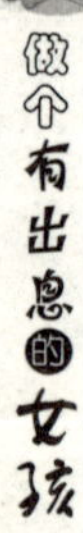

学习产生逆反心理。其实，每门科目都有许多有趣的外延知识。在学习某一学科中，收集和整理某一科目的拓展知识，有助于提高学习该学科的兴趣。

粗心·错失一次机会

☆★☆★☆

我们专注于人生目标，为此做好每一件事，就会离目标越来越近；一旦分心或者粗心，就会付出惨痛的代价。

小梅从财会学校毕业后，一直待在家里等待招聘的机会。光阴似箭，日月如梭，转眼大半年过去了，她终于等到了一家商业银行招收会计的通知，准备参加统一考试。小梅离开学校半年多了，学业并没有荒废，她还自修了几门课程，准备参加成人高等自学考试，争取取得本科文凭。因此，她对竞争上岗的招聘考试非常自信。

这家银行计划招收六名会计，报名参加考试的有一百多人，其中绝大多数是金融系统的下岗员工，只有极少数是刚从财会学校毕业的学生。

考试的时间到了，小梅准时进了考场。开考的铃声响后，教室里便静悄悄的。从表情和下笔的动作上看，小梅答题很顺利。离考试结束还有半个多小时，小梅就停了笔，潇洒地交卷了，得意地走出考场。小梅一出考场，便忙着和财会学校陪考的老师对答案。根据记忆的答案，小梅感觉这次考试一定会进入前六名。

然而，小梅去银行看榜时，却傻眼了。榜上根本没有她的名字。

此刻，银行的另一侧，有几位考生和家长怀疑分数不对，闹着要到银行招聘办公室查考卷。看到这种情形，小梅也是满腹疑惑，干脆也站到了吵闹的人群中，她希望通过复查考卷给自己找回一个机会。

在考生和家长强烈要求下，银行招聘负责人不得不答应他们的要求，带他们去招聘办公室。刚进去，这几个代表看到有一叠试卷被放弃在一边，根本没有批阅过。在翻阅这些试卷之后，一位考生见状，猛地抓起试卷大声质问："这是怎么回事，为什么我们的试卷连分都没打？你们就这样公开招聘吗？"

招聘负责人似乎有备而来，不愠不火地说："大家现在都看到了，这里至少有十几份试卷我们没批阅打分，这并不是我们没给这些考生机会，而是他们不给自己机会。"

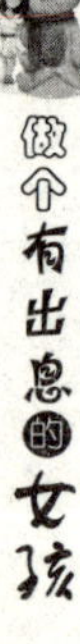

原来，这十几份试卷中，五六份是用圆珠笔答题，余下的全都是铅笔填写。通知书上醒目地写着：考生务必用黑色墨水钢笔答题，使用其他杂色笔答题的试卷一律按作废处理。听完招聘负责人的解释，一位考生代表从兜里掏出皱巴巴的准考通知书，铺开一看，顿时像是泄了气的皮球，再也无话可说了。

“连这么醒目的要求都不注意的人，得满分又怎样？谁敢把这种粗心大意的人请到银行做帐目会计？”招聘负责人说。要求复查考卷的考生代表面面相觑，最后都默默地离开了。对小梅来说，这次考试是一次深刻的教训。

女孩该懂得的道理

人生梦想是由一个又一个小目标累积而成的，达到每一个小目标都需要专注地做好每一件事，懈怠、粗心大意就会付出沉痛的代价。所以，在人生道路上，把握好眼前每一个细节，使自己赢得人生当中那些稍纵即逝、不可多得的每一次机会。

知识放大点

商业银行，是一个以营利为目的的金融机构。一般的商业银行没有货币的发行权，传统商业银行的业务主要集中在经营存款和贷款业务上，即以较低的利率借入存款，以较高的利率放出贷款，存贷款之间的利差就是商业银行的主要利润。

成长金点子

专注就要做好每件事

首先，从小事做起。有的女孩在做一件事的时候，不是这里出现差错就是那里有问题。往往不是因为不努力，而是因为做事马马虎虎、粗枝大叶。而克服这种毛病要从身边一点一滴的小事做起，如上学不迟到、离开教室随手关灯、节约用水、认真做作业等。做好这些平凡的事，不仅有利于克服马虎的毛病，还会培养自己做事专心认真的习惯。

其次，做事重视细节。一些事情出现偏差，大多是因为没有做好细节。细节决定成败。在日常学习和生活中，预习一节课、解答一道题、做一次家务劳动，都要认真仔细。只要做好每个细节，就会达到预期的效果。

最后，关注每件事的结果。其实，谁都想做好每件事。但是，也

许在这一段时间里做到了认真执著，而在另一段时间里却又懒散松懈，以至于有头无尾，半途而废。因此，做好一件事就需要持之以恒，善始善终。这样才能成为一个有出息的女孩。

第十章

只要自己的内心强大了，外面的一切就变弱小了

生活是一面镜子，你对着它笑它就笑，你对着它哭它就哭。乐观的人，往往把挫折看作成长路上的垫脚石，一步一步走向成功的阶梯；悲观的人，常常把挫折视为烂泥潭，一点点陷入人生的困境。做有出息的女孩只要保持积极乐观的心态，就会感到生活充满阳光，即使遇到困难也会坦然面对，并以昂扬的姿态战胜逆境。

“亚洲女飞人”夺冠背后的故事

☆★☆★☆

2014 年仁川亚运会上，一个名叫韦永丽的女孩，面对强手，夺得 100 米、200 米和 4×100 米接力两金一银的好成绩，被誉为“亚洲女飞人”。在她夺冠的背后，还有许多鲜为人知的故事。

韦永丽出生在广西柳州鹿寨的一户农村家庭，家里有两个姐姐，大姐和二姐已经成家在外打工。韦永丽从小就很勤劳，在自己还是小学生的时候就开始承担很多家务。假日里，父母在山上种地，韦永丽便帮忙往山上送肥送水送饭，不停地跑上跑下。她家离学校 6 公里，韦永丽上下学不骑单车而是徒步来回跑，脚上的那股劲大概就是这样跑出来的。

韦永丽就读于鹿寨县第三初级中学。2006 年 11 月，鹿寨县中小学生田径运动会赛场上，15 岁的韦永丽在跑道上飞奔，步幅开阔，动作流畅，姿态十分潇洒。这一幕吸引了县业余体校田径教练的注意，广西田径队的短跑教练也开始关注韦永丽。

这年已读初中三年级的韦永丽想走上练习田径的道路，家里存在不同意见。父亲希望女儿好好读书，将来找一份稳定的工作。班主任也有点担心：她起步比较晚，又没经过专业训练，还是选择读书好，考高中、考大学，对女孩子来讲比较稳妥。

“我一定要坚持自己的梦想！”韦永丽坚持自己的选择。看她如此坚定，家人、老师尊重并支持了她的选择。然而，由于种种原因，韦永丽初中毕业后却未能进入专业田径队。面对家庭经济上的窘境，她只身来到广东一家餐馆打工。一年后，韦永丽还是放不下自己的梦想，主动与广西田径队教练联系，表达了自己的愿望，得到广西田径队的积极回应，她才得以真正开始专业体育的道路。

训练两年后，韦永丽并未跑出理想成绩。她顶着压力和质疑，训练更加刻苦了。正是韦永丽这份坚持和努力，才使她后来能够站在亚运会女子短跑的领奖台上。

“我从小就喜欢跑步，我知道自己的选择没有错。”尽管遭遇各种波折，面对很多困难，韦永丽还是经过勤奋苦练，用自己的努力和成绩打动了所有人，也证明了自己当年的坚持是正确的。2010 年广州亚运会前，韦永丽的成绩已经位列全国前三并入选广州亚运会的中国女子接力队。只是因为她资历尚欠，没有入选当时的主力阵容。或许是无缘亚运会，给了韦永丽更加强大的前进动力。2011 年 3 月，全国室内田径锦标赛，韦永丽分别夺得女子 60 米和女子 200 米的冠军；7 月的亚洲田径锦标赛，韦永丽获得女子 100 米亚军。此时，韦永丽在国内女子短跑界的地位开始确立。

韦永丽进步飞快，正当她春风得意的时候却遭遇到人生中的重要打击。2011 年 9 月 4 日，韩国大邱田径世锦赛进入最后一个比赛日的争夺。其中，女子 4×100 米接力资格赛颇为引人关注。当时韦永丽担纲第一棒次选手。当各队队员预备时，谁知裁判突然宣布有人抢跑，接着向韦永丽出示了红牌。一脸茫然的韦永丽感觉有些莫名其妙，她双手掩面，随后被工作人员请出了跑道。原来，从比赛的慢镜回放可以看出，裁判枪响之前，韦永丽已略微直起身来，有个向前倾的动作。虽然整个人并未冲出去，但即便是这样一个细小的动作，也

导致起跑感应器做出反应。被罚出场后，韦永丽和队友低着头，一言不发地向运动员出口走着。

随后，在运动员通道和媒体混合采访区，韦永丽面对媒体记者再也无法控制自己的情绪，流下了伤心的泪水："非常对不起大家，因为我的失误导致中国队被罚，我给所有人鞠躬道歉。"这其中有委屈，有不甘，有自责，韦永丽都把这些挫折当成了自己的人生财富，这才有了后来在仁川亚运会上的爆发。

女孩该懂得的道理

每个女孩都希望在关系人生前途的中考和高考中取得好成绩，每个人都希望自己一生平安、事业顺利，但美好的愿望不一定都能够圆满实现。人生可以说是一个历练的过程，只有在坎坷中锻炼，才能更接近成功。只要相信自己并为之努力，就能达到自己想要的结果。

知识放大点

韦永丽，女，壮族，中国田径运动员。自 2012 年以来，多次获得全国田径锦标赛女子 100 米、200 米冠军，并与队友多次获得女子 4×100 米接力冠军，2014 年在韩国仁川亚运会女子 100 米及女子 4×100 米接力比赛中获得冠军。

成长金点子

别在意别人的看法

对女孩来说，凡事要有主见，别太在意别人的看法。如果女孩的行动完全取决于别人的看法，就会失去自我，成为别人意愿的奴隶，只会为生活徒增烦恼。那么，怎样才能坚持自己的意见，不在意别人的看法呢？

首先，改变认知的能力。我就是我，别人就是别人；别人没时间关注我，我也没时间关注别人。有了这样的认识，就会慢慢地把焦点转移到自己的身上。

其次，让情绪自由宣泄。与人交往时，不卑不亢，心里有什么想法及时表达出来，而不要闷在心里，这样既会使自己感到轻松，也有利于树立自信心。

再次，改变自己的行为。与人交往时，不仅要敢于表达自己的观点，而且要适时把自己的想法用行动表达出来。努力改变以往的相处模式，自己做错了就主动道歉，乐于帮助别人，逐渐就会变得快乐和自信。

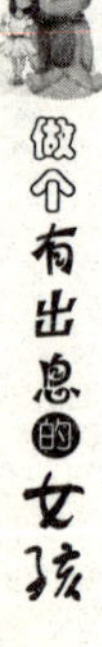

战胜自己的第一步

☆★☆★☆

在每个人成长的过程中，或多或少会遇到一些意想不到的困难。有人产生了退却的念头，有人却战胜了困难，二者的区别就在于对待困难的不同态度。

曾经有一个德国女孩，小时候很胆小，走在路上遇见小狗就会吓得迈不开步，甚至下楼梯和下坡的时候心里也感到紧张。这种怯懦的性格使她养成了沉默寡言的习惯。她也不善交际，很少与人说话，也不和老师交流，更别说参加学校里组织的集体活动了。平时，她总是一个人埋头于书本，整天抱着书在角落里读得津津有味。

由于这种性格，这个女孩上初中后，甚至连上体育课的时候也很害怕，每当体育老师让学生跳水或翻杠的时候，她都会感到紧张。那时，她的父亲是当地一位有名望的神学院院长，他希望女儿在同龄人中出类拔萃。然而，女儿的表现却让父亲有点失望，于是他总是不厌其烦地给女儿传授怎样树立信心，不断鼓励她克服胆怯心理。父亲还找到她的老师和同学，恳请他们平时在学校多关心和鼓励她。

有一次，女孩所在的班级上体育课，老师要求学生练习跳水。她站在 3 米的跳台上，恐惧又涌上了心头，双腿忍不住发抖。她想着如果跳下去摔坏了怎么办，想着想着竟然吓得眼泪都流出来了。这一天，父亲专门来学校看她上体育课的表现，他站在旁边对女儿说：

“不要害怕，孩子，你还没有尝试，怎么知道自己不行呢？勇敢点，跳下去！”女儿还是不敢。父亲又鼓励说：“相信自己吧，你应该和其他同学一样，你是勇敢的！”在父亲和老师的鼓励下，女孩向前迈出了一步，然后闭上眼睛尖叫着跳了下去。游上岸后，同学们给她报以热烈的掌声。当时她很激动：“我竟然成功了！”同学们问她怎么战胜了胆怯，她说：“脚下发抖的时候，只要勇敢地向前迈出一步，你就胜利了。”

经过这件事后，这个女孩的胆子逐渐大了起来，她发现困难其实并不像想象中那么可怕，只要勇敢一搏，任何难题都会迎刃而解了。这个女孩就是安格拉·多罗特娅·默克尔。在学业上，默克尔进步很快，两次参加国家奥林匹克数学竞赛都取得了优异成绩，并在 32 岁那年获得了物理学博士学位。她还逐渐养成了追求挑战的性格，与童年的胆怯截然相反。她对体育、文化、政治、经济等都产生了浓厚的兴趣，并深有研究。

后来，默克尔投身于政界，在竞选中她击败了连续执政 7 年的上一任总理施罗德，成为德国历史上首位女总理。任职后，默克尔以大胆果敢、雷厉风行的政治作风引起国内政界的震动，被外界称为欧洲政坛的又一位“铁娘子”。

女孩该懂得的道理

人生的道路上难免会经历困难和挫折，胆怯的人始终迈不出第一步，往往被困难吓倒了。做有出息的女孩就要敢于挑战自我，在困难面前勇敢地迈出第一步，这是克服懦弱和战胜困难的象征。

知识放大点

安格拉·多罗特娅·默克尔，德国女政治家，德国总理、基督教民主联盟主席。1973 年至 1978 年在莱比锡大学攻读物理学，1989 年踏入政坛。2000 年 4 月起任基民盟主席。2005 年成功当选德国政府总理，成为德国历史上第一位女总理，在 2009 年和 2013 年成功连任。

成长金点子

如何克服胆怯

首先，树立自信心是战胜胆怯的法宝。胆怯的人往往是缺乏自信，对自己是否有能力完成某些事情表示怀疑，可能由于心理紧张使原本可以做好的事情结果却弄糟了。当你因为怯懦而止步不前的时候，就该不断地鼓励自己：“我要勇往直前，我比任何人都勇敢，没有任何困难可以击败我。”

其次，做好充分的准备，为树立自信打下基础。自信心不是凭空产生的。做什么事情前，都要做好充分的准备，自然就会增加战胜困难的信心。其实，勇气和恐惧都是一种习惯。勇敢的人面临困难和挑战，习惯上就是坦然面对，积极采取行动，往往就能解决问题。

最后，正确看待失利的原因。每当遇到失利的时候，有人选择退缩，因为他们把失利的原因归结于自己能力不够，或者认为自己不聪明。这种看法是片面的。我们知道任何事物都有两面性，分析失利的原因，除了自身因素外，还应该寻找客观原因，以减少自己的心理负担，这对于克服胆怯的心理是有益的。

摘掉假发也没有那么可怕

☆★☆★☆

作家海明威说：“人不是为失败而生的。一个人可以被毁灭，但绝不能被打败。”一个人要想成功，就必须坚持自己的理想，无论发生什么都要有勇气面对现实，永不放弃。

琳娜是一名美国女孩，她上七年级的时候，得知自己患上了白血病。在接下来的几个月里，琳娜必须定期到医院接受检查，她记不清打过多少针，接受了多少次检测，然后是进行痛苦的化疗，这是她战胜病魔的唯一希望。化疗无疑是痛苦的，更让她心里难受的是，她的一头秀发因为化疗已经掉光了。这对一个正在上七年级的女孩来说，简直就是一场噩梦。

为了保持原先的样子，升入八年级前，琳娜开始戴假发。可戴假发经常使头皮发痒，但她没有更好的选择。此前，很多同学喜欢琳娜，总有一群女生围绕在她身旁。自从她掉光头发以后，情形似乎改变了。有几次，琳娜的假发被调皮的男生从后面扯掉了，每次遇到这样的窘境，她都要停住脚步，弯腰捡起假发，并重新戴好，然后抹去眼泪走到教室里。此时，她感觉自己是多么孤单和无助，她多么希望有人能为她挺身而出，遗憾的是没有人这样做。

这样的生活持续了两个星期，琳娜告诉父母她再也无法承受了。

父母无可奈何地说："如果你愿意，可以待在家里。"对于她的父母来说，面对身患重病的女儿，是不会介意她是不是升到八年级，只要能给她快乐，让她有平静的日子，无论怎样都可以。在父母面前，琳娜说出了自己的心里话："没有头发不算什么，我可以应付，但是没有朋友的感觉是我最受不了的。"她走在校园里，同学们因为她来了，远远地躲着她。有一天吃比萨饼，琳娜一到餐厅，其他同学就留下一堆吃了一半的盘子纷纷离开了。他们说他们不饿，她知道那是因为她坐在那儿他们才离开的。她也知道没有人愿意在上数学课时坐在她旁边，在她的贮物柜两侧的同学都把自己的柜子移开了一些，他们宁愿把书本跟别人放在一起，只因为他们的柜子在一个戴假发、得怪病的女孩旁边。琳娜打算离开学校回家休养，然而一件事改变了她的想法。

一个来自阿肯萨斯的七年级男生，知道《新约圣经》在此不受欢迎，他把这本书放在衬衫口袋里带到了学校，结果被三个男生发现了。他们恐吓他："你这胆小鬼，宗教和祈祷都是为胆小鬼设立的，别再把它带到学校来。"这名男生虔诚地把它递给其中年龄最大的那一个，并说："看你有没有胆量把它带到学校，并绕着校园走一圈！"这三个男生无话可说，后来他们因此成了朋友。

这个故事给了琳娜面对同学不友好的勇气。仅仅过了一天，琳娜又戴上假发上学了。她尽量把自己打扮得漂亮一些，并告诉父母："我今天要去学校上学。我必须做一些事，发现一些新事物。"父母虽然担心在校园发生对女儿不利的事情，但还是开车把女儿送到了学校。一天过去了，琳娜在学校里一切如常，并没有发生什么事情。虽然她在学校还是不受欢迎，仍然有一些同学嘲笑她甚至捉弄她，但她从没有因为被嘲笑而退却。第二天，琳娜又要告别父母去学校，她在离开车子前转过身对父母说：“你们猜今天我要做什么？”父母不明白：“宝贝，怎么了？”琳娜回答：“今天我要去发现谁是我最好的朋友，谁是我真正的朋友。”她随手摘掉了头上的假发，把它放在车内的座位上，平静地说：“他们必须接受我真正的样子，否则他们就是不接受我。我今天必须把真正的朋友找出来。”

奇迹发生了！那天，琳娜没有戴假发走进学校，经过运动场的时候，没有同学大声嘲笑她，也没有人敢捉弄这个充满勇气的小女孩。

女孩该懂得的道理

在学习和生活中，我们有时会遇到这样或那样的困难，能不能战胜困难，关键就在于有没有信心。如果你选择退缩，困难就会显得强大，使你止步不前；如果你选择勇敢面对，貌似不可逾越的困难，就可能被你踩在脚下。

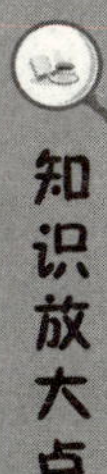

化疗，是化学药物治疗的简称，也就是通过使用化学治疗药物杀灭癌细胞达到治疗目的。这是目前治疗癌症最有效的手段之一。化疗药物或多或少会出现一些毒副作用，部分化疗药物可能导致脱发，在停止化疗后会重新长出新发。

成功取决于态度

生活中，许多人渴望获得成功，许多女孩也想知道成功的奥秘。美国成功学大师史蒂芬·柯维认为："成功的关键取决于态度，其中最重要的是有信心。"若要做到这一点，必须努力做好三个方面：一是对自己的行为负责；二是善于扬长避短；三是学会适应现实。

一个人对现实生活的良好适应力是获得成功的重要因素。许多人在压力下变得沮丧，失去了对生活的向往和追求。适应生活压力的一个有效方法，就是把困难和挫折看做对自己的一次考验，把生活中的逆境和失败视为磨炼的机会而欣然接受。

在人生的道路上，首先需要面对的就是困难和挫折。敢于战胜困难的人往往会站上成功的领奖台，而畏惧困难的人最终则可能站在失败的阴影里。

骄傲是进步的大敌

☆★☆★☆

在小学和初中阶段，许多女孩在学习和才艺方面表现优秀，容易产生骄傲自满的心理。如果不加改正，学习就会有所退步。

在常人眼里，女生小颖确实比较优秀：10 岁时，获得了全市少年儿童歌咏比赛的一等奖；12 岁时就在《小学生天地》上发表了她的处女作；进入初中后，各科成绩均处于年级的前 10 名。可是，小颖不懂得谦虚，每当取得好成绩的时候，她总是喜欢在其他同学面前炫耀。

进入初二后，小颖的成绩渐渐下降。对此，父母和老师都和她交流过许多次，叫她别掉以轻心，不要老以为自己聪明，就放松了对自己的约束。小颖却一副满不在乎的样子，总以为自己的根底扎实，只要稍微努力就可以赶上去，甚至超过其他同学，成为班级的"尖子生"。

在学校里，小颖喜欢和学习成绩好的孩子交往，对成绩不好的同学连话都不想和他们说。然而，就在一次期末考试的时候，由于没有复习好，小颖对自己估计过高，结果好几科都考得不理想。为此，小颖感到十分沮丧，回到家里向妈妈哭诉。

对于小颖期末考试失利，其实妈妈心里早有预料，于是她借机给女儿讲了一个故事：

北宋的时候，有个叫方仲永的小男孩，出生在农民家庭。他家里祖祖辈辈都是种田人，没有一个读书识字的人。他长到五岁了，还未见过笔墨纸砚。

有一天，方仲永突然哭着向家里人要笔墨纸砚，说他想写诗。他父亲感到十分惊讶，马上从邻居那里借来笔墨纸砚。方仲永拿起笔便写了四句诗，而且还给诗写了个题目。同乡的几个读书人知道了这件事，就到方仲永家来看，只要指定题目，方仲永就能立即作诗。他们看后都认为方仲永写得很好。于是，这件事很快就传开了，人们都觉得方仲永是“神童”。

因此，很多人想来见识见识这位“神童”，纷纷邀请他和他的父亲去家中做客，摆酒设宴盛情款待，并且指定题目，让方仲永当场作诗。方仲永的父亲觉得这样很风光，十分愿意接受邀请，经常带着方仲永四处拜访权贵，参加各种宴会，炫耀儿子的才华，却从不让方仲永出去拜师学习，也不让他花时间看书。

日子一天天地过去了，方仲永一天天地长大，他的才艺却仍停留在五岁时的水平，没有丝毫的进展。当他二十岁的时候，他和同龄的孩子没有什么区别了，那个“神童”不见了。

听完妈妈的故事，小颖终于明白自己的不足，她决心以后改掉骄傲自满的毛病，努力向优秀的同学学习。

经过一段时间的努力，小颖的成绩果然大有起色，也交到了很多新朋友。

谦虚是一种可贵的修养，它能促使人不断学习。一个人即使天生就有超过普通人的才华，如果后天不学习，不补充新知识，也不会有所成就。所以说，只有努力学习，才能不断进步。

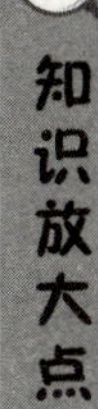

知识放大点

处女作，是由“处女”一词引申而来，指一个人初次公开发表的作品。它本身带有一种比喻的性质，多用于文艺创作等方面。另外，处女作可以有很多种类，并不只局限于文学作品，也可以是画作、影视作品等。一个人的处女作，并不一定是他（她）的成名作或代表作。

成长金点子

如何养成谦虚的习惯

心理学上有一个概念，叫做“空杯心态”，意思是做事之前先要有个好心态。如果想学到更多学问，先要把自己想象成“一个空着的杯子”，而不是骄傲自满。谦虚好学是一种良好的修养，骄傲自满是女孩心智成长的绊脚石。那么如何养成谦虚的习惯呢?

首先，正确面对他人的批评和建议。当女孩遭到批评和指责时，

常常会产生逆反的心理，这不是谦虚的表现，也不利于自己养成谦虚的习惯。接受批评和建议是一种谦虚好学的表现。俗话说“当局者迷”，自己的缺点常常是自己看不到的，这时候，别人指出自己的缺点所在，其实是一件值得庆幸的事情。我们应抱着感恩的心理，虚心地接受他人的意见，这会让你不断充实和完善自己。

其次，树立远大的目标理想。女孩有理想还是没有理想，二者的区别是非常大的。当一个女孩确定了自己的理想，就为自己今后的学习找到了方向，就会意识到理想和现实之间存在巨大的差距，只有不断努力，才能接近自己的理想。这样一来，女孩就会变得谦虚起来，不断进取，在学习上就会取得更大的成绩。

再次，读名人的生平传记。通过读书可以了解国内外名人的成功故事，明白“天外有天，人外有人”的道理，可以从名人身上学习到不骄傲、不自满、虚心好学的优秀品质，这对女孩的成长有很大的激励作用。

第十一章

只有经历一场痛苦的破茧，蝴蝶才能完成华丽的蜕变

在现实生活中，没有经过艰难和曲折，就顺利实现了自己的人生梦想，这样的人是幸运的，也是非常罕见的。绝大多数人在追求理想的过程中，或多或少会遇到一些困难和挫折，甚至会遭遇磨难和厄运。做一个有出息的女孩，就必须以坚强的意志和顽强的毅力，正视自己的挫折和失败，积极寻找对策，使自己尽快走出逆境，到达理想的彼岸。

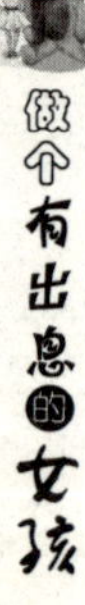

从苦难中走出来的女歌手

☆★☆★☆

喜欢唱歌和听歌的人都知道藏族女歌手降央卓玛，她的歌声婉转悠扬，仿佛是从苍穹的风和云里飘来的天籁之音，带着白云的圣洁，穿透人的心灵，让人享受无尽的曼妙。降央卓玛从一位普通的藏族姑娘成长为著名女歌手，一路上也经历了曲折和磨难。

1984年，降央卓玛出生在四川省甘孜州德格县一个贫寒的牧民家庭，她在家中排行老四，上面有三个哥哥，下面有两个弟弟。父母受教育程度低，常年在地里干农活，小卓玛就留在家里看守门户。活泼的她常常拿起柴火烧黑的木炭“描眉”，用茶几上脱落的红色油漆“擦口红”，然后像一名歌唱演员一样演唱，她对着镜子把会唱的歌曲全部唱一遍，同时把会跳的舞蹈也全部跳一次。

到了读书的年龄，小卓玛被送到了乡村学校就读。卓玛为了减轻家里的负担，从小学时便开始住校。她每天早上4点多就起床，裹着被子找个有光的地方背书，课间就和同学们一起爬山锻炼，从不抱怨生活的艰辛。每周最开心的日子就是周五的到来，因为学校食堂会有荤菜，那就是最美好的时光。

穷人的孩子早当家。由于家境贫寒，卓玛读到初三就辍学了，到距离家乡290多公里外的石渠县做了一名环卫工人，每天早上七八点就开始打扫水沟。由于工资低，她常去菜市场捡别人扔掉的烂菜做午餐。半年以后，听说在老家建筑工地干活工资高一点，每天可以挣25元，卓玛就回到了老家，做水泥搬运工。每袋水泥50公斤，卓玛从大卡车上两袋三袋地往背上扛，这是成年男人都感到吃力的重活，但是她没有一点示弱的意思，这股不怕苦不怕累的劲儿，造就了她之后的人生之路。

雪域高原条件艰苦，生存环境较差。上天给了降央卓玛一个贫穷困苦的出身，却没有让她丧失坚强生活的意志，苦难并没有压垮她。年龄稍大一些后，她换了一份工作，在德格县城一家宾馆当服务员，每月收入800元，降央卓玛觉得工资很高了，第一次用工资给自己做了一套新藏装，她特别开心和满足。由于宾馆经常会有县艺术团的演员们来演出，对于演员们演唱的歌曲，久而久之，她已经耳熟能详了。

有一次，甘孜藏族自治州文化局领导出差在这家宾馆住宿，平时表演的女歌手生病了，降央卓玛被临时安排上台演唱那首她背地里偷偷学会的歌曲。出乎意料的是，她的演唱赢得现场观众一致好评。从此，她得到了更多演出的机会。在降央卓玛20岁的时候，靠自己的努力考上了甘孜藏族自治州歌舞团；2003年她如愿以偿地进入四川音乐学院深造，在艺海中翱翔，终于实现了梦寐以求的愿望。

降央卓玛尝尽生活百般滋味，更加懂得珍惜生活，感恩际遇，所以更加努力地学习声乐。在那段时间里，由于雪域高原高寒缺氧，降央卓玛的生活、学习、演出不断遇到一个又一个她意想不到的困难。但不管困难有多大，她都使劲咬牙顽强地挺住。有时条件太艰苦，缺氧导致她头疼得实在忍不住了，就偷偷找个没人的角落，痛痛快快地大哭一场。哭完之后，一扭头，擦干眼泪又展示出灿烂的笑容。

俗话说“三分天注定，七分靠打拼”。自从走上演艺之路后，她

很好地运用了自己的天赋，不断自强自励，将天籁之音演绎得更加沁人心脾。2005 年，她参演舞剧《梦幻康巴》，获得第五届少数民族艺术节声乐表演一等奖；2006 年，参加第三届全国少数民族文艺汇演，获得独唱金奖。

女孩该懂得的道理

古诗云："宝剑锋从磨砺出，梅花香自苦寒来"。一个人只有付出才能得到回报，只有经过磨练和艰难，才会拥有非凡的才华，获得过人的本领，修炼出高尚的品德。任何人在任何行业都不可能轻轻松松地得到真才实学，也不可能随随便便就获得成功。

知识放大点

雪域高原，是指我国西部高原，也就是青藏高原，地域辽阔，是我国最大、世界海拔最高的高原，包括西藏自治区、四川省西部以及云南省部分地区，青海省的大部分地区、新疆维吾尔自治区南部，以及甘肃省部分地区。平均海拔 4000~5000 米，有"世界屋脊"和"第三极"之称，是亚洲许多大河的发源地。

乐观面对挫折和困难

不论在生活上还是学习上，都不可能永远是一帆风顺的。“不经历风雨哪能见到彩虹？”遭遇挫折和困难，不能怨天尤人或自暴自弃，而要乐观地面对。

只要有了乐观的态度，就会增强战胜困难的信心。我们的学习和生活就像一年中的四季：有温暖的春季，有炎热的夏季，有凉爽的秋季，有寒冷的冬季，每个季节有不同的天气特征。我们在学习或生活上遇到挫折和困难，就如同处在严酷的冬季，只要我们不断努力和坚持，必然会迎来学习或生活上的春天。

只要我们懂得挫折和困难是暂时的，自然就会抛弃负面的情绪，以积极的心态寻求战胜挫折、克服困难的方法与措施，补救挫折所带来的损失，减少困难所造成的不利影响，这样会使自己更快地走出逆境。

不向命运低头的“当代保尔”

☆★☆★☆

每个女孩都有多彩的梦想，每个女孩都希望自己快乐地度过童年。然而，人生就像天气，有时是难以预测的，既有阳光灿烂的晴天，也会有风雨交加的雷雨天。但无论遇到什么样的天气，我们都要积极地勇敢面对。

她叫玲玲。5岁之前，她有一个幸福的童年，快乐而活泼，成天蹦蹦跳跳跑来跑去。可惜，蹦蹦跳跳的时光是那样短暂。

有一天早晨，玲玲和小同伴们嘻笑着奔跑，忽然跌倒了。从此，双腿丧失了知觉，她也丧失了关于腿的记忆。

得了什么病，竟然这样可怕？玲玲当年不知道自己患的是脊髓血管瘤，只知道病情反复发作，非常难治。5年中，她做了3次大手术，脊椎板被摘去6块，最后高位截瘫。自那以后，原本天真活泼的玲玲，只能整天卧在床上。当年，医生们一致认为，像这种高位截瘫病人，一般很难活过27岁。

病情是无情的，每当病痛折磨她时，为了分散注意力，她就猛揪自己的头发，打算用一种疼痛来代替另外一种疼痛。渐渐地，她揪下来的头发，都能编成一条辫子了！但是她最痛苦的不是自己的病，而是看着伙伴们高高兴兴地背着书包上学校，而自己只能待在家里。

面对学校的拒绝，玲玲没有屈服。她在“家”这个特殊的学校里，学拼音，学查字典，学一个又一个生字。她趴在床上，用胳膊支撑着身体，抄书。没有人催问，没有人检查督促，没有考试和考试中的竞争，全靠着自己。一本又一本小学课本学完了。但是个中艰难只有自己知道，那是走不少弯路，多耗费很多时间换来的。一道算术题，她做12遍，得出的竟是12个答案！她本来就不喜欢算术，“得啦，丢开不学算了！”可是不行，硬着头皮也得学会它。第13次终于算对了。努力是加倍的，但成功的喜悦也是加倍的！

这个叫玲玲的女孩就是张海迪。她虽然没有机会走进校门，却发奋学完了小学、中学的全部课程，自学了大学英语、日语、德语和世界语，并攻读了大学和硕士研究生的课程。

1983年，张海迪开始从事文学创作，先后翻译了《海边诊所》等数十万字的英语小说，编著了《向天空敞开的窗口》《生命的追问》《轮椅上的梦》等书籍。其中《轮椅上的梦》在日本和韩国出版，而《生命的追问》出版不到半年，已重印3次，获得了全国“五个一工程”图书奖。在《生命的追问》之前，这个奖项还从没颁发给过散文作品。从1983年开始，她创作和翻译的作品超过100万字。

张海迪说：“我像颗流星，要把光留给人间。”她怀着这样的理想，以非凡的毅力学习和工作，唱出了一首生命的赞歌。她是这样说的，也是这样做的。有一位耿大爷瘫痪了3年，一直没治好。张海迪一面在精神上鼓励耿大爷增强战胜疾病的信心，一面翻阅大量书籍，精心为耿大爷治疗。后来，耿大爷终于能说话了，也能走路了。

张海迪不愧被誉为“八十年代新雷锋”和“当代保尔”。她与命运抗争、自强自立的精神激励了千千万万的人。

女孩该懂得的道理

每个女孩都有梦想，每个女孩都希望自己健康成长。身患难以治愈的病症是不幸的，但面对人生中的苦难，只能选择与命运抗争，自立自强，就像张海迪那样，只要付出比常人更多的努力，也能为自己撑起一片蓝天！

知识放大点

张海迪，女，汉族，山东省文登市人，中国著名残疾人作家。五岁时因患脊髓血管瘤导致高位截瘫，自学了小学、中学和大学的知识，并学习针灸，在当地行医。历任第九、十届全国政协委员。现任中国残疾人联合会主席。

成长金点子

做个坚强的女孩

首先，不畏惧挫折。面对学习和生活上的挫折与困难，不要畏惧和退缩，积极采取行动和对策，把困难勇敢地踩在脚下，这是战胜挫折和困难应有的态度。

其次，不逃避困难。有些女孩遇到困难不敢面对，总想找到绕开困难的路径，事实上，这往往是徒劳的。困难不会因为你的惧怕和退让而自动消失，只有通过自身努力，才会找到战胜困难的良策。

再次，不向逆境屈服。现在，许多女孩是在娇生惯养中长大的，往往受不了一点儿挫折，一旦遭遇挫折或家中遭遇变故，心里受到打击，就会一蹶不振，甚至自暴自弃。坚强的女孩在人生中遇到艰难险阻决不会妥协，她深知只有愈挫愈勇，才会扭转不幸的命运。

最后，不被挫折击倒。挫折并不意味着人生追求的结束，而是人生道路上的新征程的开始。只要善于从挫折中寻找教训，朝着既定目标继续前进，就会达到梦想的彼岸。

从负债10万到年入千万

☆★☆★☆

当今互联网已经走进千家万户，通过智能手机发信息，与亲友和客户保持联系，已成为许多年轻人生活的一部分。有这样一个女孩，她通过网络开创自己的事业，走出了人生的低谷。

2013 年 12 月，四川丹棱的橘子红了，23 岁女孩卢婷的天空却是灰色的。她大学刚毕业就结婚、生子，刚刚又结束了自己两年短暂的婚姻，可以说，一天都没工作过，此时还背上了 10 万元的外债，她只好带着 2 岁的儿子回到了父母家。现实比想象的还残酷，一连 7 个月，卢婷都没有找到合适的工作，如今家庭破碎，失落无助，连儿子都养活不起，卢婷觉得自己就是一个悲剧。虽然初尝人生苦果，但是困难并没有打倒她，她开始思索创业。

在丹棱，随处可见一种叫做“不知火”的橘子。卢婷父母家的

这片20亩的“不知火”，种植了十几年，卢婷很少来，但她知道这些果子并不值什么钱。一到10月，为了防虫、防冻，就要给果子套袋子，闲在家的卢婷就帮着一起做。有一天，她用手机拍了几张“不知火”的照片，发到了微信朋友圈。让她惊讶的是，很多朋友都说没见过“不知火”，更有人说，“不知火”在外地要卖十几元一斤。这么高的价格让卢婷很惊讶，她想亲眼去看看。

1个月后，卢婷刚从外地回来，几个人就找到了她家。一个客商提出要订500万元的“不知火”，这让卢婷的妈妈感到很吃惊。没有任何工作经验的卢婷，怎么会签订这么个大单呢?

原来，自从知道“不知火”在外地很有销路以后，卢婷拿着母亲给的1000多元钱，第一站来到了北京新发地农产品批发市场。一连待了半个月，人生地不熟的她，见人就上前聊“不知火”。摊位老板，货车司机，她都不放过。没过多久，卢婷吸引到了一个人的注意。一天中午，一辆小轿车突然停到了卢婷面前，卢婷大着胆子上了车。得知这位姓马的老板在新发地市场做了十几年水果生意，一年光是脐橙销售额就超过2亿元。

到丹棱考察后，马老板与卢婷签下了一年500万元，也就是100万斤的“不知火”的采购订单。当时北京的新发地市场上，并没有人专做“不知火”的销售。大部分人对其产地等信息也是一知半解。这样的情况，让卢婷和马老板从其中看到了各自的商机。

大伙很快就发现——卢婷这个姑娘还真有本事，她又做成了一件别人认为很难做到的事。在丹棱当地，她第一个把“不知火”卖出13元一斤的价格，一年时间，销售额增加了一倍多，超过了1000万元。2015年底，在当地农业部门的支持下，卢婷牵头成立了丹棱县橘橙协会。丹棱县政府也十分重视“不知火”的发展，开始在每年的

3月份专门举办“不知火”节，打造丹棱“不知火”的品牌，聚集人气，提高农户的产地意识和品牌意识。同时，卢婷也开设了自己品牌的网店，做起了“微商”。

卢婷的创业经历让当地很多人很振奋，两年前卢婷还是人们眼中的失意者，生活都得靠父母救济。然而两年时间，卢婷却成为了人生赢家。她自立自强，接连用几个出人意料的办法，用不值钱的果子创造了超过千万的财富；让曾经不为人知的“不知火”，身价也涨了十来倍，变成了大家的“致富果”。

女孩该懂得的道理

许多童年时的梦想，有的因为成就梦想的愿望不强，以至于梦想的种子被遗忘在土里。但是只要你去浇水、施肥，梦想就会发芽、生长。就像故事中的卢婷，以前她并不知道自己有做生意的才能与潜

大自然的花草树木都是女孩观察的对象。

力。所以，当你面对困境的时候，只要善于挖掘潜能，敢于拼搏，就会发现上苍在关闭一扇门的时候，已经为你打开了另一扇窗。

知识放大点

不知火，又名杂柑、凸顶柑、丑柑、丑桔，属芸香科柑橘属植物，在我国四川、重庆、云南、江西、湖南、浙江等地有局部种植。川西盆地的不知火果实大，平均果重200克；果实呈倒卵形，多有突起短颈；果皮黄橙色，果面稍粗，易剥皮，果汁糖度高，味甜。

成长金点子

积极应对挫折

学习和生活中遇到挫折并不罕见，只要积极应对，就能战胜挫折。

第一，保持良好心态。一个人的心态和情绪，不仅影响别人，重要的是直接影响自己。所以，面对挫折不要自卑，要保持乐观心态，积极应对，否则你就会在挫折面前丧失主见和意志，自然也就丧失了自身的气质和魅力。

第二，学会合理宣泄。遭遇挫折有时在暗示着一个人在某方面存在失误，或者能力上的不足，对此要冷静分析，不必推卸责任或者寻找借口，可以如实地向亲友倾诉，减轻内心的重负；也可以通过跑步、打球、写日记等方式排遣心中的烦恼，卸掉思想包袱。

第三，坚定必胜信念。成功者的人生字典里没有失败。一个人有了这种信念和意志，面对挫折就会勇往直前，毫不退缩，这样不仅会为自己赢得机会，而且使自己早日走出挫折的阴影。

单腿女孩跳起“圆梦舞”

☆★☆★☆

当欢快的旋律声响起，一个女孩随着节拍轻舞飞扬起来。虽然下肢动作看上去略显僵硬，但整个人的神情非常投入，笑容一直挂在脸上，嘴角上一个深深的酒窝让她显得愈发可爱。

这个女孩叫沈珈慧，是绍兴市越城区柯灵小学的学生。2015 年的一天，她和姐姐在骑车去游泳的路上遭遇车祸，姐姐脚趾骨折，她失去了左腿，这让她的舞蹈梦几乎破碎了。不过，受伤后的小珈慧十分坚强，在安装义肢后，大部分的生活起居都可以独立完成。

面对人生的不幸，父母一度担心小珈慧难以承受这突如其来的横祸，然而，小珈慧表现出来的坚强出乎父母的意料。很多时候不是父母安慰小珈慧，而是她反过来安慰心存愧疚的父母。“开始的时候，我怎么也不敢和她讲明真相，就拿一块布盖着她的腿部。”小珈慧的妈妈说，“后来她自己也知道是怎么回事了，还反过来安慰我，让我别伤心。”

小珈慧身上有一股不服输的劲儿。失去一条腿后，母亲总想背着她走路，她执意要自己多走一会儿。“别人能做的，我也都能做！体育课我也能上。”小珈慧自信满满地说。

在学校里，小珈慧是一个品学兼优的学生，兴趣爱好非常广泛，

最喜欢的是跳舞。车祸发生前，她已通过舞蹈五级考试，梦想着长大后当一名舞蹈家，能够在众人面前翩翩起舞。

小珈慧的不幸遭遇传开后，受到了众多爱心人士的帮助。她一直用微笑面对生活的故事，触动了无数爱心人士的心弦。小珈慧一直梦想着能够有登台演出的机会，可惜自从失去一条腿后这种机会越来越渺茫了。

在了解到女孩想要登台表演的心愿后，社会各界的好心人再次行动，开始暗暗筹划起新的爱心活动。此后不久，有 600 位志愿者向沈珈慧发出了一份特别的邀约：邀请小珈慧到舞台上作为领舞，和大伙儿共同完成一次完整的舞蹈演出。

收到这份邀请后，小珈慧兴奋异常。为了练好这支舞，她差不多练了一个月，每天还要求多练一个多小时。纯白色袜子，粉色连衣裙，当她出现在领舞现场时，在场的舞蹈爱好者们都热情地和她打招呼，为她加油打气。

小珈慧领舞的一曲《舞动中国》时长 4 分多钟，对她来说确实有点累。但她全程热情洋溢，嘴里一边唱着歌曲一边欢快地舞动着。下台后，她的鼻子上已经渗出了汗珠，有人问她累不累，她笑着回答：“感觉很棒！一点都不累。”这场演出圆了小珈慧在舞台上表演的舞蹈梦，她的乐观开朗、面对人生不幸后无比顽强的精神更是感染了伴舞的每一个人！

女孩该懂得的道理

著名作家泰戈尔说："苦难可以使人变得崇高，也可以使人变得乖戾。"苦难可以摧残人的身体，但摧不垮人的坚定信念和顽强意志。一个人遭遇不幸是值得人们同情的，但勇于战胜苦难，毅然走向新天地，这种精神更是值得人们钦佩。

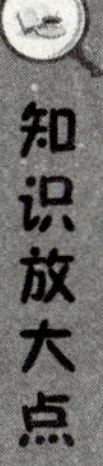

排舞，英文叫 Line dance，意思是排成排跳的舞蹈，属于全球化健身运动类别的一个分支。它起源于美国 20 世纪 70 年代的西部乡村舞蹈。排舞既可以集体共舞，也可以个人独舞，形式多样，丰富多彩。

感受他人的关爱

法国著名作家罗曼·罗兰说："生活中不是缺少美，而是缺少发现。"如果你细心地品味生活，每天都会感到有许多快乐；如果你从点滴中体察生活，每天都会感受到他人的关爱。

其实，关爱几乎每天都围绕在你的身边，只是你没有发现和感受到，比如：父母每天辛勤地工作使你衣食无忧；老师每天无私地给你传授知识；纯真的同学们每天与你友爱互助……这一切都是关爱的表现，使你能够幸福地感受到生活的美好。

也许你认为，这些都是极为平常的事情，但这恰恰说明了，你只有怀着爱的情感、用爱的眼光看待平常的生活，才会发现爱、感受到爱。倘若你感受到了这份关爱，又能懂得感恩，你就会珍惜这份关爱，并能让这份关爱延续下去。当我们处在被人关爱的氛围中，我们就会感觉到生活的美好。

昂起头歌唱的童星

☆★☆★☆

家庭变故对许多年幼的孩子来说，也是他们人生中遇到的困难。既然我们无法选择出身，那么家庭万一发生变故，就要坦然面对，使自己渡过难关。

在中国歌坛上，孙佳星曾经是一位活跃的小歌手，她曾经是少年儿童羡慕的小偶像。孙佳星从小在铁路文工团长大，深受艺术熏陶。母亲想把她也培养成一个出色的小提琴手，从小让她学习小提琴，然而她却对唱歌情有独钟。

在孙佳星五六岁的时候，有一次，母亲生病住院，孙佳星在家里用录音机录下自己唱的歌，然后拿到医院去给母亲听。她唱的歌不仅感动了母亲，也打动了同一病房的一位阿姨。她把孙佳星介绍给一家唱片公司，从此孙佳星走上了唱歌的道路，迅速成为中国最受欢迎的童星，创下了无数个第一。

1984 年她在北京电视台春节晚会上首唱《聪明的一休》，从此，孙佳星的名字不胫而走，家喻户晓。1985 年为日本 52 集动画片《咪咪流浪记》(《星仔走天涯》) 配唱主题歌，随着一曲《找爸爸》，她那稚嫩清澈、饱蘸真情的歌声传遍长城内外，而且在全国通俗歌曲研讨会上受到专业人士的好评，被誉为少年通俗演唱法的“佳例”。1986 年以一曲《花仙子》为主打歌，在由广播电影电视部、中央电视台举

办的全国“通美杯”金银榜盒式音带大奖赛为《孙佳星影视歌曲专辑》盒式音带获得银杯奖。1990年在全国文艺汇演中荣获演唱一等奖。1992年《北京小歌手孙佳星演唱的歌》节目在中国广播电视学会、中国人民广播电台台播部海峡之声音乐节目中被评为第五届对台湾广播优秀节目一等奖。1992年获北京市教育局“银帆奖”。1993年共青团中央、国家教委授予孙佳星“全国十佳中学生实践技能标兵”称号。

孙佳星在演唱方面的成就和获得的荣誉，在中外众多青少年小歌手中确实是一颗“佳星”了。有一篇文章对她的表演这样形容：“她，像初生的小鹿，蹦蹦跳跳，探索着五彩缤纷的大世界；她，像出谷的黄莺，自由飞翔，纵情地歌唱童年，歌唱生活；她，像一颗小星星，镶嵌在繁星点点的歌坛上……”

在听众心中，孙佳星是生活中的“幸运儿”，然而又有多少人知道她生活中也曾有过的不幸呢？孙佳星出生在北京市西城区一间破旧的平房里。因为没有奶吃，她瘦弱得抬不起头。当她3岁时父母离异，小小年纪就缺少父爱，在生活中自然会遇到许多伤心的事情。上小学后，她多次遭到一些不太懂事的孩子们的起哄，有时他们一起喊：“孙佳星，没爸爸！”这让她伤心极了，遇到这种情况她就大声哭着往家跑，有时还遭到个别同学的取笑和追打。

家庭变故对童年的孙佳星来说是一个不幸，也是她需要面对的困难。但是，她不畏困难，不怕挫折，昂起头走路，昂起头生活，昂起头歌唱。在此后的8年里，她在歌唱事业上取得了巨大成功。随着年龄的增长，她能坦然地面对生活中的困难，经过自己的努力，考入中央戏剧学院深造，后来成为了著名音乐人。

女孩该懂得的道理

人不可能一辈子都一帆风顺，总会遇到困难和挫折。有些时候，困难与挫折并不是坏事，它们很可能就是进入成功的阶梯。特别是女孩，就需要经历一些挫折来锻炼自己，在挫折中调整心态，吸取经验、教训，这样才能最终成长为不怕风雨的有用之人。

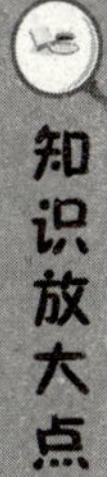

音带，是一种磁录声用的薄纸带或塑料带，上面涂了混有粘合剂的铁氧化物磁粉，亦称“磁带”。二十世纪八十年代，我国文化娱乐生活中，盛行用盒式磁带录音机（也叫卡式录音机）进行录音和重放歌曲、伴奏等，与其配套的是盒式录音磁带。它一度成为人们文化娱乐生活的消费品。

成长金点子

经受磨难走向成功

磨难不等于永远失败。苦难会使平庸的人丧失进取的信心，但却能激励向往成功者的斗志。从磨难中吸取教训，增长阅历和忍耐的能力，磨炼出顽强的意志和坚韧不拔的毅力，把磨难转化为前进的动力，这些都会为以后的成功积累经验和智慧。从这个意义上来说，磨难对于成功也有一定的价值。所以，作家

巴尔扎克说："苦难是人生的老师。"事实上，很多成功人士的背后都有过苦衷，他们往往也是在经历了磨难之后才成功的。

《爱的教育》的作者亚米契斯说："要坚强，要勇敢，不要让绝望和庸俗的忧愁压倒你，要保持伟大的灵魂在经受苦难时的豁达与平静。"想做有出息的女孩，在学习和生活中，就不要因为遭遇磨难而感到沮丧，甚至一蹶不振。你应该知道，即使是有太阳那样耀眼的光芒，也有被浮云遮住的时候。要坚信，只要走过苦难的漫长黑夜，迎来的就是胜利的曙光！

第十二章

每一次尝试都是一次历练，每一次挑战都将是一次超越

学海无涯。业无止境。追求梦想的过程就像攀越一座山峰，每上一个台阶就离山顶近一步。然而，越往上攀登，山路越崎岖，更需要坚定的意志和顽强毅力，否则就会前功尽弃。因此，只有认准目标，继续向上攀登，突破了自己的极限，才能超越自己，登上人生的高峰。

从教师到作家的跨越

☆★☆★☆

很多女孩都看过《淘气包马小跳》系列儿童文学，想知道作家杨红樱为什么能创作出马小跳这样可爱的孩子形象，那就看一看她在成长中经历了哪些故事，她是如何超越自己的吧。

杨红樱小时候没想过自己会成为儿童作家，刚进学校的时候，连“3”字都不会写。班上的同学嘲笑她并且告诉老师。她原以为老师会骂她，但老师告诉别的孩子：“那是因为她小，等她像你们一样大了，她就会写了。”那时她就立志，今后一定要像这个老师一样，对小孩好。

她5岁读一年级，比周围的孩子矮一截，动作和同龄人比明显不协调，跑步也慢，同学玩游戏都不愿意带她。下课时，大家玩游戏，给她的任务也永远是守衣服。她一点也不自卑，明白自己年纪小，去了也会拖后腿，能守衣服已经不错了。别人让她守衣服，她就乖乖地守衣服，两只眼睛盯着衣服一动不动。只要衣服一件不丢，她一整天都会很开心。

和很多从小被寄予厚望的小孩不同，父母从来不会对杨红樱有要求，她也因此得以从小按着自己的性子来活。当别的家长要求孩子当科学家、当画家、当舞蹈家的时候，杨红樱的爸爸只重复一句：“你要当个好人。”杨红樱问什么是好人，爸爸答：“性格好，身体好。”

三兄妹听了很开心，他们觉得这几点能做到。

杨红樱识字以后，阅读了四大名著。由于年龄小看不懂，她只选自己有兴趣的看。《水浒传》里，她最爱看的是108将的出场，每个人性格各异，出场方式又特点鲜明。在她的书里，那些让人印象深刻的孩子亮相都是从这里学的。她也看《红楼梦》，但最关心的是书中描绘的吃喝玩乐：茄丁是怎么做的、蟹应该怎么吃；贾母让黛玉换窗纱，柳绿配桃红。她从文学作品中得到了生活的审美和品味。当她看到黛玉教香菱写诗的时候，兴致一下就上来了，那一章她不知重复看了多少遍。杨红樱说："我写诗，都是林黛玉教的。"初中时，她每天写一首诗，生活的感触都被她写进了诗里。当初写的诗她一首也不记得了，但对生活的感受，对文字的敏锐，感觉具象化了，变成童话，写进了《笑猫日记》。

1981年，杨红樱进入成都人民北路小学教书，她的做事风格与传统教育理念的格格不入，让她时常面临其他老师和校长的压力，有时候连她自己都不知道是不是对的。第一届学生毕业统考，她班上的语文成绩平均分位列全区第一，这才让6年的委屈和争议随即烟消云散了。这时，她收到新成立的出版社的邀约，便带着曾经的委屈，头也不回地走了。

刚当老师的时候，杨红樱让班上的同学翻开语文书目录，在喜欢的文章后画勾。勾得最多的是《小蝌蚪找妈妈》《小马过河》等科学童话。为了给孩子们在阅读课上做一些补充，她依葫芦画瓢，开始创作。童话写好了，她不好意思直接告诉学生是自己写的，就把文章夹在一本书中间读给同学们听。看到学生听得津津有味捧腹大笑时，她知道这一处写得好；当学生交头接耳或者不听时，就知道这一处写得不好，回过头再改。

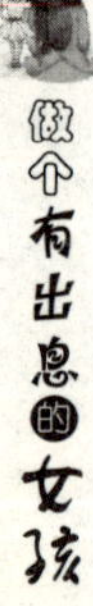

学生们知道故事都是杨红樱写的时候，撺掇着她印成铅字。她把第一篇《穿救生衣的种子》投给了《少年报》，不久就发表了。从此一发不可收拾，作品慢慢多起来。真正让杨红樱出名的是以自己女儿为原型创作的《女生日记》，书中通过冉冬阳的故事描写了一个女生过渡到女人的全过程。杨红樱拿出当老师时候的倔劲儿，相继创作了《男生日记》《五三班的坏小子》等畅销书籍，书里的主角都是普通孩子。

《淘气包马小跳》系列是杨红樱创作至今最火的儿童文学，也是她认为能够住进所有孩子心中的角色。她最钟爱的马小跳，原型是她的一个学生，当时是最调皮捣蛋的。杨红樱在马小跳身上倾注了她所有的教育理想，小孩子也在马小跳身上找到了一个理想的童年，因而马小跳受到了孩子们的喜爱。

对自己不懂的问题要虚心请教。

杨红樱做过小学老师，当过出版社的编辑，最后成为一名儿童文学作家；她从 1981 年创作第一篇科学童话《穿救生衣的种子》到现在，已经写了 30 多年了；《校园小说》系列、《淘气包马小跳》系列、《笑猫日记》系列……作品堆起来有半个人那么高。如此不难看出：学无止境，创作无止境。人生也无止境，只要不断努力，超越自己，就会收获更大的成就。

知识放大点

杨红樱，1962 年生，四川成都人，儿童文学作家，做过 7 年小学老师、7 年儿童读物编辑。作品有《女生日记》《男生日记》《淘气包马小跳》系列、《笑猫日记》等。

成长金点子

阅读童话益处多

现在，一些女孩放学回家后，除了看动画片之外，也喜欢看综艺节目，还有少数女生喜欢看电视连续剧。其实，阅读才是少年儿童获得知识的重要途径。对于女孩成长来说，阅读童话故事、儿童文学、名人童年故事、少儿科普读物都是十

分有益的。尤其是童话故事对女孩成长的积极作用是其他读物难以替代的。

首先，童话故事情节浅显，语言简洁，贴近儿童的生活，容易引起小读者的共鸣，激发少年儿童的阅读兴趣。

其次，童话故事大多描绘了一种美好的人间万象，蕴含真善美的人性教育，少年儿童在阅读中不知不觉地受到熏陶，比父母的说教更容易接受。

第三，童话故事中包含丰富的社会知识和生活常识，少年儿童阅读童话可以获得课本之外的知识，开阔眼界，还能获得待人接物的常识和经验。

第四，童话故事包含丰富、神奇的幻想。幻想是儿童的一种天赋和本能，幻想也是创造的开端。少年儿童阅读童话可以激发想象力，开发形象思维能力。

在显微镜下"追踪"病毒

☆★☆★☆

2016年，一位来自湖南农村的留学生何江，作为优秀学生代表在最高学府哈佛大学的毕业典礼上发表演讲，创造了在哈佛大学毕业演讲上首位中国大陆学生的历史。俗话说得好，名师出高徒。何江在哈佛大学的导师庄小威是享誉科学界的杰出人物。

庄小威出生于江苏省如皋市，她幼年时在如皋老家跟祖父祖母生活了5年。父母退休前都是中国科技大学的教授，未上过幼儿园的庄小威，拼音识字都是父母在工作之余教会的。

由于父亲是物理学教授，庄小威在 6 岁那年接受了人生中第一堂物理课。父亲告诉她，如果将一块石头放在桌上，它之所以不会掉在地上是因为桌子给它提供了向上的支持力。没有桌子的话，重力作用下的石头会掉在地上。当父亲问她是否还能想出其他对石头起到作用的力时，庄小威环视屋子一圈后回答道：“可能还有空气的作用。”这样的回答给父亲留下深刻印象。

庄小威自小聪明伶俐，勤奋好学。5 岁多时，父母上班不在家，她自学了炒青菜、打扫卫生等家务。初中时，年龄最小，但各门功课都拔尖，曾获得全国中学生数理化竞赛第一名。后被推荐到北京景山学校上了半年中国科大预备班。13 岁转入离家较近的苏州中学科大预备班。15 岁以高考 600 多分的状元成绩考进中国科大少年班。她 19 岁在中国科技大学拿到本科学位，然后赴美，在加州大学伯克利分校拿到硕士和博士学位，这些学位都归属物理学。

庄小威早年只喜欢物理学，对生物学并不是很感兴趣。因为她认为，生物学和物理学有很大不同，细胞们总是和许多不同分子混在一起，很难看清楚它们之间是如何合作以保证细胞存活的。正是这些未知的谜题最终吸引了庄小威的关注。自从在斯坦福大学攻读博士后，师从朱棣文（他是获得诺贝尔奖的美籍华裔科学家），才偶然与化学、生物学科的合作伙伴一起开始做一些跟踪分子行为的实验，但几乎有整整一年时间只是在摸索试探，什么结果也没做出来。

做科研是很辛苦的事，对自己的学问有热情，才有动力，而保持动力是化解困难的秘诀。庄小威在哈佛大学工作以来，一周七天，每天都从早上 10 时工作到半夜 12 时。她说：“除了吃饭和睡觉，剩下的时间都在工作。”每当遇到梗阻，庄小威就勒令自己忘掉过去的成

功和失败，一切从头开始，从不轻言放弃。

2001 年，庄小威被聘为哈佛大学助理教授。此后，庄小威开始探索使用单分子生物学荧光工作，物理学的根底启发她将带荧光的分子标记物附在病毒上，当用激光照射时，标记物发射出特殊的彩色光。用这种方法，借助显微镜，她详实跟踪了单个病毒的行为。她拍摄到单个流感病毒的连续影像，这是世界上首次记录到的病毒在各阶段的活动过程。她研发出了这种比传统光学显微镜高 10 倍以上分辨率的显微技术，并将这种技术命名为“随机光学重建显微法”。她因此获得 50 万美元的麦克阿瑟“天才奖”，是首位获此荣誉的华人女科学家。

2005 年 3 月，为全美科学家提供资助的富有卓越声望的非盈利型研究机构——美国霍华德·休斯医学研究会从全美 300 多位提名人中选出了 43 位生命科学家，庄小威榜上有名。

2006 年初，年仅 34 岁的庄小威晋升为哈佛大学物理和化学系的双聘教授。随后，她在哈佛大学建立了以自己名字命名的单分子生物物理实验室，带领博士、博士后研究流感、艾滋病、SARS 等病毒侵入宿主细胞过程。

庄小威在单分子动力学、核酸与蛋白的相互作用、基因表达机制、细胞核病毒的相互作用等领域做出了杰出的贡献。2012 年她当选美国国家科学院院士，2013 年又当选美国人文与科学院院士。

女孩该懂得的道理

庄小威自小聪慧好学，上中学时因为获奖被推荐到名牌大学读书；赴美留学后，因为勤奋又顺利取得博士学位；在哈佛大学工作后，对做学问有热情，实验中从不言弃，这是她取得科学成果的主要原因。所以说，每个女孩只要勤奋学习，不怕学习中的困难，就能不断超越自己。

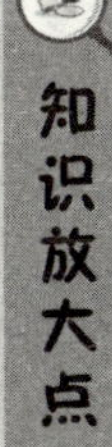

庄小威，女，生于 1972 年，华裔生物物理学家，哈佛大学化学与化学生物、物理学双聘教授，霍华德·休斯医学研究所研究员。2003 年获得美国麦克阿瑟基金会“天才奖”，2012 年她当选美国国家科学院院士，2013 年当选美国人文与科学院院士，2015 年当选中国科学院外籍院士。

如何养成善于思考的习惯

古代教育家孔子说：“学而不思则罔。”作家巴尔扎克说：“一个能思考的人，才真是力量无边的人。”革命导师恩格斯说过：“一个民族要站在科学的最高峰，就一刻也不能没有理论思维。”这些足以可见思考的重要性。人与人在学业的优劣、能力上的强弱、贡献的大小等差别，主要就在于是否善于思考。那么，如何养成善于思考的习惯呢？

其一，学会全面看问题。从不同的角度看问题，就会得出不同的结论。所以，要学会转换角度看问题，深入了解问题的本质，以便作出理性的思考和对策。

其二，敢于打破常规。生活中有些习以为常的做法不一定是合理的；学习上有些经验也不一定是科学的；电视节目和互联网中也不乏不严谨的信息。因而遇到问题要先动脑想一想，不要从现成的做法中获取答案。

其三，锻炼创造性思维。在学习上经常思索不同的解题思路，在生活中经常思考与众不同的见解，也有利于养成思考的习惯。

“跳水女皇”的坚持与追求

☆★☆★☆

奥运冠军是许多女孩心中的偶像。不过，女孩们往往只看到他们夺冠的光彩瞬间，而不了解他们在夺冠路上付出的汗水和遭遇的伤痛，更不知道他们在夺冠背后的那份坚持和超越自我的精神境界。

奥运冠军陈若琳出生在江苏南通，4 岁时到江苏省南通市儿童业余体校接受训练，跟随教练学习跳水，两年后被选拔到省少儿体校学习和训练，并且成为省少儿体校的正式队员。

2003 年，年仅 11 岁的陈若琳在全国少儿跳水赛上夺得三枚金牌；又过一年，她在全国跳水锦标赛“越级”挑战，与国内跳水名将同场竞技，夺得 10 米跳台的第 5 名。2004 年底入选国家跳水“梦之队”。

2006 年初，国家队公布国际大奖赛参赛名单，14 岁的陈若琳首度榜上有名。在国际大奖赛澳大利亚站，陈若琳联同蒋李双击败众多强手，勇夺双人 10 米跳台冠军；半个月后，她再度和队友在德国站折桂。同年4月下旬，陈若琳又和贾童赢得大奖赛中国站双人10米跳台冠军，随后又在加拿大、美国两站大奖赛中成功夺冠。同年，陈若琳以替补身份出战跳水世界杯，跟贾童合作一举赢得女子双人10米跳台的冠军。然而，在多哈亚运会和2007年世界游泳锦标赛中，陈若琳在单人项目因不敌队友而屈居亚军。但陈若琳没有气馁，经过刻苦训练，2011年她夺得上海世界锦标赛十米台单人冠军，这也是她第三次站到了世锦赛10米跳台上。这一次命运终于向她露出了笑容，她击败了队友，由此成为中国队实现女台大满贯的第一人。

2012年7月，陈若琳代表中国出战英国伦敦举行的奥林匹克运动会跳水比赛女子10米跳台及双人10米跳台赛事。在率先进行的双人10米跳台赛事中，陈若琳与汪皓在五轮比赛后以较大优势战胜对手轻松夺金。在其后进行的女子10米台决赛中，她又成功夺冠，成为首位在奥运10米跳台跳水单人、双人项目均卫冕的运动员。

2013年7月，陈若琳出战西班牙巴塞罗那举行的世界游泳锦标赛跳水比赛，在女子双人10米跳台比赛中与刘蕙瑕实现该项目的四连冠。2016年里约奥运会跳水女子双人10米台决赛中，陈若琳、刘蕙瑕又夺得冠军。

回顾陈若琳的职业生涯，2008年初出茅庐，为国家拿到了连丢两届奥运会的女子十米跳台单人金牌；2012年卫冕成功，四枚奥运金牌收入囊中；2015年奥运五冠封“皇”，成为中国跳水奥运“五冠王”。她整整延续了长达11年的不败神话。

在陈若琳成功的背后，外人并不了解她经历了什么，付出了多少汗水。父母在她3岁时离婚，母亲带着哥哥移居加拿大，小若琳则跟随外公和外婆生活，4岁开始接受训练，自小就要过着远离家人的日子，很少能与家人见面，只能偶尔靠电话联系，这使她比一般的女孩

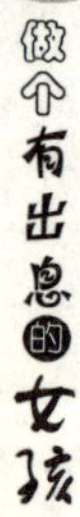

更加坚强。

2015年年底被查出有脊髓空洞症，医生对她说，“这个病发展严重的话会造成截瘫”。陈若琳感到恐惧、犹豫、徘徊，但她不想放弃，因为此时离里约奥运会不远了。选择坚持的她，内心承受着极大的压力，训练中也是提心吊胆。

在里约奥运会期间，陈若琳每天都在祈祷上苍能够给她机会，身体不要出现问题，让她顺利参加完自己的最后一届奥运会。她是幸运的，就在夺冠的那一刻，陈若琳长舒一口气，兴奋之余，她感谢病魔在关键时刻垂怜了她。

后来，陈若琳在接受采访时说道：“奥运期间天天祈祷，鼓励自己要坚持住，放弃就是不负责任，不想以身体的情况为借口而不负这个责任，还是要为中国跳水队做出自己的贡献。”朴实的话语中，体现出她勇于承担的责任感和为国争光的荣誉感，也体现了一名优秀运动员不断追求、超越自我的精神境界。

里约奥运会结束后，满身伤病的陈若琳痛下决心选择退役。国家跳水领队感慨地说：“陈若琳能去里约参加奥运会已经是奇迹了。”

女孩该懂得的道理

陈若琳从4岁开始接受训练，直到24岁选择退役，如果心中没有坚持，或者缺乏追求卓越的精神，就不可能在20年的时间始终从事一项事业，也不可能从小女孩成长为奥运冠军。可见，想要成为有出息的女孩，必须在遇到困难的情况下选择坚持，而且只有不断进取，才能超越自己。

跳台跳水，是竞技跳水项目之一。跳台距水面高度分为5米、7.5米和10米3种。根据参与人数分为单人、双人两种。此项目在奥运会、世界锦标赛、世界杯赛中限用10米跳台。根据起跳方向和动作结构，跳台跳水动作分为向前、向后、向内、反身、转体和臂立6组。

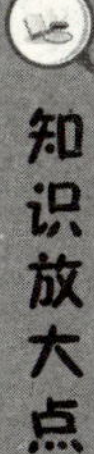

知识放大点

成长金点子

如何培养超越自我的意识

优胜劣汰是万物生长的客观规律，适者生存是万物竞争的必然结果。竞争意识始终是人类前进的主要动力，是克服人格障碍的“清醒剂”。

每一个女孩长大后，都会主动或者被动地进入充满竞争的社会中。健康的竞争意识能使女孩更加自信。无论竞争成功与否，都会使女孩的生活更加充实、更加丰富多彩。

如果你想成为出类拔萃的女孩，那么，就应该从小培养超越自我、挑战极限的意识。根据个人的兴趣和特长，积极地参加学校里的各类学习和文体竞赛活动。学习上勤奋努力，积极参加学校组织的诗歌朗诵、作文比赛等活动；积极参加体育运动，向更高更快的目标努力；努力提高社会适应能力，为未来更快地适应社会生活做好铺垫。

“九球天后”永远挑战自己

☆★☆★☆

台球起源于欧洲，原本是一项在国际上广泛流行的高雅室内体育运动，如今在我国已经成为一项大众娱乐运动，随着斯诺克选手丁俊晖、九球选手潘晓婷等人在国际大赛崭露头角而风靡一时，他们在比赛场上的球技和风采更是令许多台球爱好者着迷。不少人以为台球是一项轻松、潇洒的运动项目，却不知道选手在聚光灯背后所付出的艰辛。

现在，一提到女子台球或台球九球，第一个就会想到潘晓婷。在她成长的那个年代，我国街头遍布着大大小小的台球厅，简陋、原始，那些光膀少年流连其中，构成了一代人的集体记忆。在父亲的教导下，潘晓婷长年累月地艰苦训练，她也有过困惑、埋怨，却从未放弃，技艺也趋于极致。如今，台球运动变得规范、成熟和体面，潘晓婷也褪去了一身灰蒙，被誉为中国的“九球天后”。潘晓婷的同行说过这样的话：“她能有今天的成绩，在意料之中。”他们知道潘晓婷的付出是常人无法比拟的。

潘晓婷小时候的理想是当个画家。她 3 岁开始学画，那时候，父母去上班，因怕她一人在家不安全，就把她反锁在家里，一锁就是一整天，晓婷就安安静静地待在家里画画，一画也是一整天。从那时起，她就养成了独处和静思的习惯。她觉得朋友多的话难免要应酬，应酬就要进入嘈杂的公共场所和方方面面的人接触，这样既占用自己宝贵的时间，也不符合她的个性。

潘晓婷一直觉得，性格很大程度上能够决定命运。她就是个内向、安静、骨子里要强的人，有人称她为“寂寞高手”。安静的人适合做职业台球手，因为打台球需要很专注，凝神思考，耐得住性子，不急不躁，心理素质要特别稳定……而这些潘晓婷都具备。

潘晓婷 15 岁开始在父亲的球馆里练球，一待就是 4 年。球馆里有个小屋子，里面的一张单人床、一个衣柜就是她全部的财产。那 4 年里，父亲给潘晓婷做了硬性规定，每天练球 8 至 12 个小时，没有周末，一个礼拜只能休息半天。即使病了，上午在医院打点滴，下午回到球馆还是要补足当天的练球时间。所有这一切，潘晓婷都忍受了。因为，在她开始摸球杆时，父亲就对她说过，要想做到最好，就要比别人付出更多、牺牲更多。潘晓婷的父亲当过国家级的足球运动员、篮球裁判，后来改行当厨师，又被评为鲁菜特一级厨师。父亲希望女儿像他一样，做任何事要么不做，要做就要做成金字塔尖上的人。

1998 年，16 岁的潘晓婷跟随父亲到北京参加全国女子九球比赛，那时候距离她接触台球仅仅才半年时间。在此之前，在山东兖州开台球俱乐部的潘父偶然发现了女儿的天赋，便教了她三四个月，紧接着就报了名，从山东济宁乘火车一路站到北京参加比赛。

由于家里经济拮据，在北京参加比赛期间，潘晓婷和父亲住在由防空洞改成的旅店里，吃饭时总点一份鱼香肉丝和两碗米饭。父亲唯一上心的事情只有训练和适应赛场，每天提前半小时到馆外排队，总在开门后小跑着抢占球桌。

那场全国比赛聚集了五十多名选手，潘晓婷是年龄最小的，却

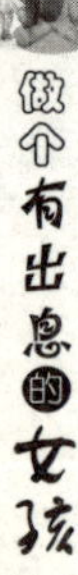

有惊无险地杀入了决赛，并意外地获得了全国冠军，第一次拿到了4000元奖金。为了细水长流，潘晓婷和父亲在全聚德点了半份烤鸭。赛后，父亲告诉潘晓婷，台球之王亨德利每天花在练球上的时间是12个小时，你的球技差远了，所以必须花更多时间。父亲为她定下目标，“打赢中国男子最好的9球选手，然后就可以去世界上跟女子打了。”为实现这样的目标，人家练3个小时的球，潘晓婷就要多练好几个小时，觉得这样才可能赶超别人。

从那时起，严苛的训练导致潘晓婷经常跟父亲闹别扭，她甚至想到自己是不是亲生的这种可笑问题。后来，潘晓婷在赛场上遇到亨德利，问他：“你真的每天练球超过12小时吗？”亨德利回答说：“没有，最多6个小时。”显然，潘晓婷练球的时间远远超过了父亲当时用来激励她的亨德利，这使她球技提高很快，以至于她跟随父亲到全国各地参加比赛，别的选手只要知道潘晓婷参赛，就早早放弃夺冠的打算，只争第二名。

成名后，潘晓婷曾在一次采访时深有感触地说：“如果吃不了这份苦，受不了这份罪，趁早放弃，另谋出路；但是，一旦选择了这条道，想要成功，吃苦就成了最基本的准备。说到底，一个人的成功，不在于赢了多少对手，而是能不能一直赢自己！”

女孩该懂得的道理

从潘晓婷的经历和感悟中，我们可以看出，想成为一名台球高手，就要能耐得住寂寞，而且要有对付苦难的耐受力，忍受严苛的训练。同样，一个女孩无论未来打算做什么，想要成为有出息的人，就要不怕困难，持之以恒，只有这样才能享受到成功的喜悦。

知识放大点

花式九球，起源于美国的一种台球运动的玩法，近年来在国内成为一项大众娱乐项目。花式九球的球桌上有 6 个袋口和 10 颗球。母球通常为白色（在某些比赛中会使用有红点的母球），用来撞击一颗或多颗子球；每颗子球有不同的颜色和号码（1 到 9 号）。基本规则是双方按照球号顺序依次将球击入袋中，率先将 9 号球击落袋中者获胜。

成长金点子

找准人生方向

正如世上没有两片相同的树叶一样，我们每个人都是独一无二的，都有着各自不同的优点和缺点。如果能正确地认识自己，客观地评价自己，找准自己的位置，那么在成才或成功的道路上就会越走越顺利。如果不尊重自己独特的天性，没有发现自身的特长，或者没有充分发挥自身的优势，那么在成才或成功的道路上也许会颇费周折。

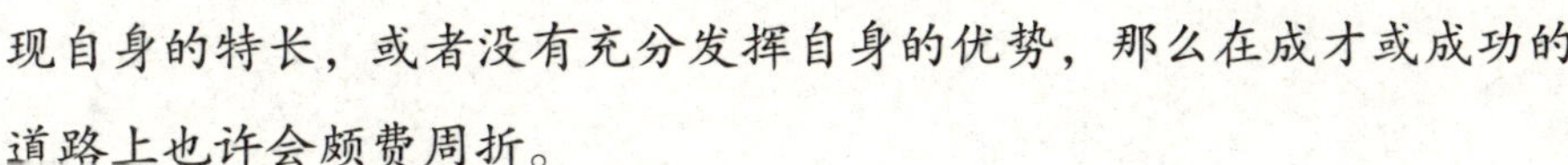

俗话说："骏马行千里，耕地不如牛；坚车能载重，渡河不如舟。"是兔子就去跑步，是鸭子就去游泳。每个女孩都有自己的强项，在选择人生目标以及未来事业方面，一定要充分了解自己，扬长避

短，在人生的舞台上找准自己的位置，以便更好地发挥自己的聪明才智，使自己尽快地迈入成功之路。

参考文献

[1] 党博 . 做个有出息的女孩 [M] . 北京 : 中国纺织出版社, 2009.

[2] 奚华 . 塑造聪慧美丽女孩 [M] . 北京 : 北京工业大学出版社, 2009.

[3] 杨敬 . 这样做女孩最优秀 [M]. 北京 : 中国纺织出版社, 2010.

[4] 李蕊 . 女孩就要有出息 [M]. 北京 : 北京理工大学出版社, 2011.

[5] 唐靓 . 女孩励志书 [M] . 北京 : 中国纺织出版社, 2011.

[6] 杨敬 . 爱学习的女孩最有出息 [M]. 中国纺织出版社, 2012.